공학입문자를 위한

창의공학설계

이창훈 · 김기수 지음

한티미디어

머 리 말

"도전 정신과 창의력을 강조하는 공학 교육"

공학자의 역할은 과학적 지식과 기술적 수단을 활용하여 문제를 해결하는 것이며, 공학자가 설계를 수행하기 위해서는 공학 설계 능력과 함께 창의력을 지니고 있어야 한다. 실제적인 문제를 효과적으로 해결하기 위해서 다양한 지식을 적용해야 하는 공학자는 여러 분야의 아이디어들을 창의적으로 조합하여 설계할 줄 알아야 하기 때문이다. 알버트 아인슈타인(Albert Einstein)은 "설계는 창조적 과정"이라 하였고, 유한한 지식에 비해 그 무한한 가능성 때문에 창의력을 더 중요시했다(Haik, 2004). 이는 공학 설계의 많은 요소가 수학적 모델보다는 설계의 창조적 과정이 체계적으로 유지되는 것에 기초하기 때문이다.

21세기 지식기반 사회를 맞이한 시대적 흐름과 함께 산업체에서도 유연한 사고력과 창의력을 갖춘 인재를 필요로 하고 있다. 대기업에서도 상식처럼 알고 있는 컴퓨터 능력이나 어학 능력보다, 풍부한 창의력과 적극적인 인성을 대졸 신입사원 선발 기준으로 선호하고 있으며, 도전 정신과 조직력, 팀워크 등을 사내 교육을 통해서 강화시키고 있다.

사회의 변화에 따라 공학교육의 내용과 방법에 있어서도 많은 변화가 요구되고 있다. 그리하여 오늘날의 공과대학 교육의 중심도 종래에 강조되던 전문적인 지식, 해석적 사고 방식 등에서 점차 급격히 변화하는 공학을 이해할 수 있도록 기초 학문에 대한 폭 넓은 지식과 여러 분야의 지식을 통합하여 사고하는 능력, 종합적인 설계 능력 등으로 이동하고 있다. 공학인증 기준의 변화에서도 설계 교육의 강화, 커뮤니케이션 능력 확보, 팀 활동 장려, 공학 윤리, 종합화 능력 등을 종래의 교육에 비해 더욱 강조하고 있음을 알 수 있다.

이러한 추세에 맞추어 공학이라는 학문에 입문한 공과대학 신입생들이 쉽고 재미있게 공학 설계를 이해하고 체험할 수 있도록 이 책을 집필하게 되었다. 이 책을 통하여 공과대학 신입생들에게 공학에 대한 동기를 부여하며, 창의력 및 팀워크와 의사소통 기술을 계발시키고 체험을 통하여 공학 설계 과정을 이해하도록 하고자 한다.

위의 목적을 달성하기 위하여 이 책은 크게 창의 공학 설계 이론과 창의 공학 설계 활동으로 구분되어 있다.

창의 공학 설계 이론에서는 창의 공학 설계의 개념, 체계적인 설계 절차, 팀워크 개발을 위한 지능모델의 이해, 창의적 문제 해결 행동 유형의 이해, 창의적 사고 개발 기법(수렴적, 발산적 사고)과 창의적 문제 해결 방법론인 TRIZ 등에 대해 설명하고 있다.

창의 공학 설계 활동에서는 각 주제별 프로젝트 활동을 통하여 학생들이 창의 공학 설계 활동을 몸소 체험할 수 있도록 구성하였다. 각 장의 프로젝트 주제는 물추진 자동차, 헤드폰, 증기선, 태양광 자동차, 구조물, 공 선별기로 선정하였다. 각 장의 내용은 창의적 공학 설계의 과정인 문제의 인식과 정의로부터 시작하여 개념화를 거쳐 그 아이디어를 탐색하고 직접 설계, 제작한 후 시작품을 테스트할 수 있도록 구성하였다.

이 책을 마무리하기까지 모든 부분에서 신중을 기하였지만, 실수한 부분이 있음은 자명한 일일 것이다. 독자들이 저자에게 실수나 개선점에 대해 충고를 아끼지 않기를 바라는 바이다.

끝으로, 이 책이 완성되기까지 많은 도움을 주신 분들에게 진심으로 감사드린다. 또한, 책의 출판을 맡아주신 한티미디어의 김준호 대표와 관계자에게도 깊은 감사의 말씀을 드린다.

2007년 3월

이 창 훈, 김 기 수

차 례

Part 1 창의 공학 설계 이론

P·a·r·t·1

창의 공학 설계 이론

설계란 무엇인가?

Chapter 1

1.1 설계(design)의 개요

인간은 항상 제품을 설계해 왔으며, 인간의 가장 기본적인 특징 중의 하나가 자신의 목적에 맞게 광범위한 인공물들을 제작한다는 것이다. 그러한 결과로 세상은 도구, 기구, 기계, 건물, 가구, 의류와 그 밖의 수많은 물건들로 가득 차 있다. 이러한 물건들은 확실히 인간이 자신들의 더욱 나은 삶을 영위하기 위하여 필요로 하거나 원하는 것들이다. 바꾸어 말하면 우리 주위의 모든 것들은 단순한 자연 그대로가 아닌 누군가에 의해 설계되어진 것이다.

설계(design)에 대하여 웹스터 사전에서는 다음과 같이 정의하고 있다.

- 계획, 안, 과제, 목적, 목표
- 계획된 것이나 목표로 하는 성과물
- 계획에 근거한 개발에 의해 만들어지는 것
- 비밀스러우며, 부정직하고 이기적인 계획
- 작업을 하기 위한 계획, 밑그림 또는 모형
- 설계도나 모형을 만들기 위한 기술
- 부품, 사소한 것, 형태, 색 등을 배열하여 완벽한 예술품 또는 발명품을 만드는 것
- 완성된 예술품 또는 장식품

설계라는 단어와 관련된 창의적인 활동은 미술품, 인쇄, 의류, 환경공학, 공학, 벽걸이 융단, 바구니 세공법, 언어, 모자이크 예술, 가구, 음악, 도예, 꽃꽂이, 보석, 카펫, 조각, 건축과 같은 많은 분야에서 명확하게 나타나고 있다.

그러나 훌륭한 유화를 그리는 데 필요한 능력은 우주왕복선을 설계하는 데 필요한 능력과는 많은 차이가 있다. 화가들은 복잡한 형상, 심미적인 감각, 감정 표현 등을 지배하는 오른쪽 뇌의 활동과 관련된 작업을 하는 반면에 우주왕복선을 설계하는 사람들에게는 오른쪽 뇌뿐만 아니라 수학, 논리, 언어를 지배하는 왼쪽 뇌의 활동도 필요하다.

공학 설계에서는 콩코드 비행기, 금문교, 시드니의 오페라 하우스와 같이 과학과 기술과 예술 등의 다양한 학문이 결합되며, 이러한 능력을 공학자에게 요구한다.

1.2 설계(design)의 의미

Dym(1994)은 "설계란 그 형태와 기능이 목표에 부합하고 구체적인 조건들을 충족시키는 제품에 대한 체계적이고 지적인 창조 행위이자 평가 행위"라고 정의하였다.

공학 설계에 대한 미국의 공학교육인증위원회(ABET, 1997)의 정의를 보면 "공학 설계란 필요한 것을 만들기 위해 시스템, 요소, 프로세스를 고안하는 과정이다. 즉, 기초 과학, 수학, 공학을 적용해 자원을 목표에 부합하도록 가공하는 의사결정 과정이다"라고 서술하고 있다.

김기수, 이창훈(2006)은 어떤 기기, 제품, 장비, 프로그램, 시스템, 구조, 공정 및 건설 등의 문제에 대해 팀 또는 개인이 해결안이라고 생각하는 모든 아이디어를 구현하는 것을 공학 설계라고 정의하였으며, 앞서 열거된 기기, 제품, 장비 등은 공학 설계 과정으로부터 생긴 결과물이라고 하였다.

이렇게 다양하게 정의되는 설계의 의미를 사용자, 설계 주문자, 제품, 설계 공정 등의 측면에서 살펴보면 다음과 같다.

가. 사용자 측면에서의 설계

사용자는 자신의 필요를 만족시키기 위해 직 · 간접으로 설계 제품의 목적이 무엇인지를 설계자에게 알려준다. 설계를 맡긴 고객이 때로는 설계 제품의 최종 소비자일 수도 있지만, 많은 경우에는 대리인이 최종 소비자를 대신해 설계 용역을 발주한다. 예를 들어, 시청 공무원이 시민을 대신해 공공건물의 설계 용역을 업체에 맡기고 시민을 대표해서 필요 사항을 계약서에 명시한다. 소비 제품인 경우는 제조회사의 판매 팀이나 영업 팀이 소비자를 대신해 제품에 필요한 기능을 명시하기도 하는데 어느 경우든지 설계의 목적은 설계 제품의 최종 사용자에 의해 직·간접적 영향을 받게 된다.

나. 설계 주문자 측면에서의 설계

설계 용역을 발주한 사람이야말로 설계자가 직접 상대하는 고객이다. 이들은 설계가 필요한 상황 및 여건을 설명하여 설계자로부터 기대하는 결과물의 내용을 명시하고 설계시 발생하는 제약 조건들을 지적한다. 설계자는 이러한 제약 조건 하에서 작업을 해야 하는데 물론 고객이 지적하지 않았던 환경 조건, 산업표준 또는 안전법규 등도 함께 고려해야 하며 고객(설계 발주자)이 원하는 설계 목적을 구체화시킬 책임도 있다. 고객에 의해 설계의 목적이 분명하게 주어질 때도 있지만 대부분의 경우는 그렇지 못하다. 고객이 요청한 내용이 설계자 자신이 생각했던 것과 다르다는 사실이 발견될 때, 이에 대한 해결 방안을 제시할 수 있다면 사용자 요구를 충족시키고 경쟁사들의 설계보다 우수한 제품이 될 수 있다.

다. 제품 측면에서의 설계

설계 제품은 종종 서로 상충하는 목표들간의 절충을 통해서 얻어진 결과물이다. 잔디 깎는 기계 소유자는 싼 가격이면서도 튼튼하고 유지보수가 적게 드는 기계를 원하지만 일반적으로 튼튼하고 유지보수가 적게 드는 기계는 가격이 비싸기 때문에 가격 대비 성능간 절충이 필요하다. 따라서 서로 상충하는 목표들 간의 상대적 중요도에 따라 부여하는 가중치는 공학 설계에서 고려해야 하는 중요 사항이다. 때로는 상충 목표들로 인해 발명이나 새로운 기술 개발이 촉진되어 절충이 필요하지 않을 수도 있다.

라. 설계 공정(process) 측면에서의 설계

설계 제품이 아닌 공정 자체가 설계 결과물일 수 있다. 공정이란 원하는 결과물을 얻기 위한 일련의 작업 또는 업무를 의미하며 설계 정의에 포함된다. 공정 설계의 목적은 높은 생산율, 낮은 결함률, 짧은 생산 주기, 낮은 단가, 낮은 정지 시간 및 유지보수 시간 등으로 특징지을 수 있다. 이 경우 기기 사용자는 생산 공정에 있는 근로자이며 설계를 맡긴 고객은 생산 부서의 총 책임자에 해당한다.

마. 공공건물 시스템 측면에서의 설계

설계회사의 엔지니어는 통상 사용자의 대리인을 통하여 프로젝트에 대한 정보를 받게 된다. 지방자치단체 도로설계 건으로 자치단체와 계약한 설계회사는 자치단체 도로과 또는 교통과의 공무원이 고객이 되며 공무원은 자치단체 주민의 이익을 대변하는 대리인 역할을 한다. 특히 공공 시스템 설계자는 사용자의 요구나 욕구에 대한 보다 폭넓은 이해가 있어야 하는데, 이는 대부분의 일반 사용자가 가장 좋은 제품을 만들어내는 데 필요한 복잡한 공학 지식을 이해하기 어렵기 때문이다.

바. 도덕성 및 청렴성 측면에서의 설계

일반인이 사용하는 모든 제품에 대해 설계자는 자원 절약과 아울러 공공안전의 책임도 있다. 일반 대중은 제품에 이미 훌륭한 엔지니어링 기술이 적용되었고 합리적이며 적절한 모든 안전대책이 강구된 것으로 믿는다. 때로는 사용자 또는 고객이 공공 자원의 낭비나 안전에 위험성이 있는 기능을 제품에 요구할 때 책임 있는 설계자라면 사용자의 희망 사항을 따르지 않아도 되도록 이들을 설득해야 한다. 물론 우수한 설계자는 안전이나 자원 절약에 손상을 주지 않으면서도 사용자를 만족시킬 수 있는 창의적 방법을 발견할 수도 있다.

사. 원래 의도대로 소비자가 사용하지 않을 경우를 대비한 설계

제품의 설계자가 전혀 의도하지 않은 목적으로 사용되어도 제품 안전에 대해 설계자는 법적 책임이 있다. 잔디 깎는 기계를 원래 잔디 깎는 목적 외에 울타리 가장자리에 자란 잡초 제거 용도로 사용할 때 안전 문제를 야기할 수 있다는 사실은 이미 잘 알려져 있다. 이 경우 설계자는 그 기계가 어느 정도 이상 깎게 되면 작동을 자동으로 멈추게 하거나, 일단 시동이 걸린 후에 손잡이에서 손이 떨어지며 기계 작동을 자동으로 멈추게 하는 장치가 설계에 포함되어 있어야 안전하다. 물론 설계자가 전혀 예상하지 못한 곳에 제품이 사용될 수도 있기 때문에, 사려 깊은 설계자라면 일반 소비자가 통상 제품을 잘못 사용하게 될 경우를 시간을 가지고 생각하여 그러한 시도 자체를 차단시키는 장치를 설계에 포함시켜야 한다. 또한 잘못 사용할 때 발생할 수 있는 안전사고로부터 사용자를 보호하는 안전장치를 장착시켜야 한다.

아. 의사소통 측면에서의 설계

설계를 일련의 결정에 대한 의사소통이라고 정의할 수도 있다. 의사소통을 위한 대화 없이, 설계자 홀로 머릿속에 있는 일련의 결정에 의해 설계가 이루어졌다면 어떻게 될지 생각해 보라. 결정사항에 대해 고객과 대화한다는 것은 설계를 현실화할 수 있게 해 준다. 통상적으로 대화에서는 설계 결과를 포함하고 설계자는 선택된 대안을 설명한다. 그러나 설계에서 의사소통이 완결되려면 어느 결정에 대해서든 그에 대한 합리적 대안들도 항상 제시해야 한다. 의사소통의 전체 과정은 설계자 및 그의 결정에 대한 신뢰도를 검증하게 해 주기 때문이다.

1.3 설계의 역사적 배경

설계와 관련된 역사는 인류의 역사만큼 오래되었다. 인간은 논리적으로 생각할 수 있고 새로운 문제에 대처할 수 있는 방법을 개발할 수 있기 때문이다. 또한 외부 환경 변화에 빨리 그리고 창의적으로 대처할 수 있는 천부적인 능력을 지니고 있다. 이런 능력이 공학 설계에 있어 필수적인 부분이다. 이 절에서는 구석기 시대에서 기원전까지의 역사 중에서 설계와 관련한 역사적 배경을 통하여 역사 속에서의 설계의 가치에 대해 살펴보고자 한다.

구석기 시대 동안 선사시대 사람들은 황철광과 부싯돌을 서로 부딪쳐 불꽃을 만들어 불을 일으키는 것을 배웠다. 불의 이용과 제어는 엄청난 문화 변화를 가져오게 되었다. 불의 이용은 설계 기술을 필요로 하는 두 가지 산업 활동을 일으켰다. 하나는 중석기 시대의 도구 산업이며, 다른 하나는 청동기 시대의 용광로를 사용한 최초의 주물 작업이다. 구석기 시대 말에 네안데르탈인은 전혀 다른 재료를 사용하여 머리

부분과 손잡이 부분을 조합한 좀더 개선된 손 도구를 만들기 시작했다. 이런 활동은 재료의 적절한 선택과 처리, 개개의 부품을 창의적으로 조립하여 새로운 인공물을 만드는 기술을 요구하기 때문에 공학적인 관점에서 매우 중요하다.

기원전 1만년에 현대 인류의 조상인 크로마뇽인들은 활과 화살을 설계하였다. 이 발명품은 좀더 성숙된 설계의 창의력을 보여주고 있다. 크로마뇽인들은 의복과 융단 설계의 기초가 되는 바느질과 직조기술을 개발하였다. 이 시기에 그려진 동굴벽화는 인류의 첫 번째 예술품으로 기록되고 있다. 프랑스와 스페인 사이의 국경선에 있는 동굴에 기록되어 있는 가장 오래된 동굴벽화는 기원전 약 2만년에 만들어진 것으로 추정된다. 평면에 형태나 형상을 그려 아이디어를 전달하는 방법은 엔지니어에게는 매우 중요한 의미를 갖는다. 그 이유는 설계와 공정 단계에서 생산품을 만들어내기 위한 아이디어를 전달하기 위해서는 부품과 조립 순서에 관한 그림을 많이 그려야 하기 때문이다.

음식의 조리에 사용된 불은 동시에 도기의 발전을 촉진시켰다. 이 걸작품들은 부드러우며 다양한 형상을 만들 수 있는 진흙을 구워 도자기를 만들어 내는 창의적인 공학 설계 과정의 산물이다.

신석기 시대 후반에는 농사를 짓기 시작하고 가축을 기르기 시작하였다. 나무와 돌로 농기구들을 제작하여 땅을 갈고, 곡식을 탈곡하여 밀가루로 만들면서 농업의 발전은 중요한 공학적 요소를 포함하게 되었다. 거의 같은 시기에 아직 미숙한 형태의 방직산업이 시작되어 아마, 갈대, 동물의 털로 옷을 만들기 시작했다. 이 산업은 초기 형태의 기계들을 만드는 데 공학 설계 활동을 자극하였다.

기원전 3천년 경에는 이집트와 이라크에서 동시에 문자가 나타났다. 이런 형태의 전달 수단은 주로 상업상의 거래를 기록하기 위해 개발되었으며 또한 시와 책의 기술을 통해 인류(호모 사피엔스)의 창의성을 발휘하게 하는 계기가 되었다. 이들 두 나라는 상거래를 기록하기 위한 매체에 대하여 전혀 다른 해결책을 제시하였다. 티그리스-유프라테스의 수메르인들은 진흙판에 바늘과 같이 날카로운 도구를 사용하여 사실과 아이디어를 기록하였는데, 이 판을 태양에 건조시켜 단단하고 내구성이 있는 블록으로 만들었다. 이와는 대조적으로 나일 델타 지역에 살던 이집트인들은 상형문자를 개발하고, 델타 지역에서 풍부하게 자라는 갈대로 제조된 얇은 종이인 파피루스에 붓과 잉크를 사용하여 아이디어를 기록하였다.

위에서 설명한 바와 같이, 동일한 문제에 대하여 전혀 다른 해결책을 제시하였는데 이와 같은 일은 설계 과정에서도 종종 나타난다. 이집트와 메소포타미아에서 개발된 상거래를 기록하기 위한 방법은 설계 문제에 있어 정답이 있을 수 없음을 보여준다.

신석기 시대가 끝나고 청동기 시대가 시작될 즈음 공학적인 중요성을 보여주는 몇 가지 사례가 나타났다. 바퀴의 발명과 철의 제련작업을 쉽게 만들어 준 고온화로의 개발이 대표적인 사례이다. 제련은 주석과 구리의 합금을 사용하여 도구와 무기를 제작하는 것을 가능케 만들었다. 기원전 5천년에 시작된 초기의 야금술 업적으로 인해 그 시대를 청동기 시대로 명명하였으며, 이 시대에 항아리, 투구, 검, 방패, 술잔과 같은 것들이 만들어졌다.

청동기 시대의 기원전 2630년에 이집트 멤피스(Memphis) 근처의 계단식 피라미드가 임호텝(Imhotep)이라고 불리는 엔지니어에 의해서 설계되었다. 그의 작품은 도굴꾼으로부터 시체를 보호하는 것과 내세에 죽은 자들의 주거지 문제에 대한 새로운 해결책을 제시하였다. 이 세계적인 고대의 불가사의는 이집트왕 조세르(Djoser, 2667~2648 B.C.)를 보호하기 위해서 건설되었는데 엔지니어인 설계자 이름이 역사 속에 기록된 첫 번째 사건으로 여겨지고 있다.

그 후에 임호텝의 계승자들이 기자(Giza)에 있는 케오프스(Cheops, 고대 이집트왕)의 대형 피라미드를 설계하는 과정에서 해석적인 기법을 사용함으로써 토목공학이라는 직업을 새로운 경지에 이르게 하였다. 이 기법은 정확한 대수와 기하학으로 이루어져 있다. 대형 피라미드의 모서리에서의 수직각도, 즉 90°에서 최대 0.05° 차이밖에 나지 않으며 755ft(230m)의 변의 최대 차이는 0.65ft(20cm)밖에 나지 않는다. 그들이 이룩한 공학적인 업적은 대단히 놀라운 것이다.

기원전 1000년에 발생한 그리스 문명으로 인하여 지중해 일대에는 새로운 창의성이 발현되기 시작하였다. 그리스인들은 그 시대의 가장 진보된 재료, 즉 철을 사용하였다. 이와 같이 단단하고 강한 재질과 풍부한 재료를 바탕으로 그들은 공학 설계를 한 단계 발전시킬 수 있었다. 아마도 그 시대의 가장 위대한 인물은 아르키메데스(Archimedes, 287~212 B.C.)일 것이다. 그는 과학자이면서 엔지니어였는데 다양한 무기를 발명했다. 또한 이외에 복합 도르래와 아르키메데스의 나사 펌프(screw-pump)를 발명하였다.

금속을 녹이는 제련기술의 발명, 이와 관련된 금속처리 기술의 개발, 기술에 있어 대수와 기하학의 사용은 인류를 지구상에서 가장 강력한 존재로 만들었다. 그리고 사상 처음으로 이들은 복잡한 공학적인 원리를 사용하기에 이르렀다.

1.4 근대와 현대 공학의 출현

공학은 문화 발달에 있어 주요 역할을 감당해 왔다. 미국의 전문직업 공학자협의회에서 발간한 『공학 정의집』에서 공학은 다음과 같이 정의되고 있다.

ingenious(독창적인)와 engineer가 모두 중세 라틴어 ingeniator(설계)와 ingeniare(고안)에서 유래된 것이다. 더 나아가서 이 말들은 모두 타고난 재능 또는 기술을 의미하는 라틴어원 ingenium에서 유래되었다. 그러므로 설계와 공학이란 말은 언어학적으로 동일하다고 말할 수 있다.

엔지니어의 역할은 실행하는 데에 있다. 반면에 과학자들의 역할은 지식을 얻는 것이라고 할 수 있다. 더 나아가서 엔지니어들은 실제적인 문제를 해결하기 위해서 다양한 지식을 적용해야 하기 때문에 예술과 과학에서 얻어지는 아이디어들을 조합하여 사용할 줄 알아야 한다. 이런 활동을 위해서는 어려운 사회적, 기술적, 환경적인 문제들뿐만 아니라 새로운 공정과 발명이 가져올 성능과 비용의 예측을 독창적으로 해결할 수 있는 아이디어가 필요하다.

라틴 어원과 같이 중세 영어 단어 engine은 원래 '설계하는 것'을 의미한다. 이런 설계 활동과 관련 있는 사람을 'engine-er'라고 부르는데, 원래 이 말은 군대에서 일하는 사람에게 적용되었었다. 이들 군인 엔지니어의 주요 업무는 투석기, 요새를 공략하기 위한 탑과 같은 전쟁 무기를 설계하는 것이었다. 카이사르(Julius Caesar)는 'praefectus fabrum(기술자들을 담당하는 관리)'이라는 직책을 두어 군인 엔지니어와 파괴 무기를 보호하였다. 『최후의 심판일』(Doomsday Book, 1086)이라는 책에

공학은 구조물, 기계, 장치, 공정 과정을 설계하기 위해 과학적 원리를 적용하는 것 또는 구조물, 기계, 장치, 공정 과정을 독립적으로나 복합적으로 사용하여 일하는 것 또는 설계에 대한 완벽한 인지를 바탕으로 제작하거나 운영하는 것 또는 특정한 운용 조건 하에 이들의 활동을 예측하는 것이며 이 모든 경우에 있어 의도한 기능, 동작의 경제성, 생명과 재산의 안전성에 관한 것들이 포함된다.

미국 전문직업 발전을 위한 공학자협의회
(Engineers Council for Professional Development in the United States)

의하면 정복자 윌리엄(William)은 엔지니어인 Waldivus Ingeniator를 고용하여 자기의 활동을 감독하게 하였다. 900년 전에 벌어진 Hastings의 전투에서 군인 엔지니어, 토목 엔지니어, 기계 엔지니어들이 벌써 사회 가치를 바꾸는 중요한 역할을 감당하고 있었음을 명백하게 알 수 있다.

중세시대에 공학 설계의 발달은 상대적으로 느리게 진행되었다. 이 시기에 중동과 중국을 포함한 좀더 성숙된 문명 지역의 아이디어를 결합하여 사용하면서 기계를 토대로 한 문화가 유럽에 나타나기 시작하였다. 이런 시도는 풍차의 설계와 제작, 동력을 발생하기 위한 수차, 좀더 효율적인 경작을 위한 농기구, 선반의 발명, 움직일 수 있는 금속활자를 사용한 인쇄기술의 발명, 기계적인 시계의 발명, 원운동을 왕복운동으로 바꿔주는 링크 기구의 고안 등으로 이어졌다. 이 시기의 혁신적인 설계는 르네상스 시대의 많은 학습과 변화의 기초가 되었다.

14세기에서 16세기에 걸쳐 유럽에서의 르네상스는 중세에서 현대로 옮겨오는 가교 역할을 했다. 이 시기의 르네상스는 예술과 과학 전반에 걸쳐 일어났다. 사실상 1500년 전에 그리스인들이 정역학의 기초를 마련한 이후 처음으로 과학적인 사고에 큰 변화가 일어났다. 이런 변화로 인해 르네상스 시대의 사람인 레오나르도 다 빈치로부터 비롯된 다양한 발명품과 창의적인 설계가 창출되었다. 이 천재는 예술과 과학에서 엄청난 재능을 가지고 있었는데, 그의 그림 '모나리자'와 '최후의 만찬' 그리고 4,000쪽에 달하는 생명공학, 광학, 유체역학, 생리학, 기계설계에 관한 도표와 글에 그의 천재성이 나타나 있다. 코덱스(codex)라고 불리어지는 그의 노트에는 트러스트 볼 베어링, 낙하산, 잠수함, 비행기, 움직일 수 있는 다리, 복잡한 기어 열 그리고 그 밖의 다른 많은 장치들이 수록되어 있다. 레오나르도 다 빈치의 작품에 관한 좀더 상세한 내용은 다음 절에서 설명한다.

16세기와 17세기에 전통적인 방법이 점차적으로 공학 원리에 근거한 분석적인 방법으로 대체됨에 따라 새로운 공학 설계의 시대가 도래하게 되었다. 시행착오적인 방법이나 입으로 전해 내려오던 경험적인 방법으로 이루어져 있던 공학기술에 몇몇 천재들에 의해 이룩된 이론을 근거로 한 과학적인 방법이 추가되었다. 레오나르도 다 빈치는 아마도 이론과 실제의 중요성을 인식한 최초의 사람일 것이다. 갈릴레오(Galileo)는 천문학의 아버지이며 그의 관찰은 현대 수학의 발전에 대한 논리적인 선구자 역할을 하였다. 케플러(Kepler)는 천체운동의 법칙과 기하학의 개념을 정립하였다. 뉴턴(Newton)은 운동법칙과 미분학을 정립하였고 내피어(Napier)는 대수학을 개발하였다. 거의 같은 시기에 보일(Boyle)은 기체의 거동을 연구하였고 후크(Hooke)는 재료의 거동을 묘사하는 법칙을 정립하였다. 이외에도 많은 사람들이 과학 발전에 이바지하였다.

이들과 같은 천재들에 의해 혁신적인 사상이 제안된 시기는 1750년부터 1900년까지 영국에 산업혁명을 불러온 중요한 사회적 변화의 시기와 일치한다. 수많은 혁신적인 공학시스템이 설계되었으며, 이 제품들은 농업경제 기반의 국가를 산업국가로 탈바꿈시켰다. 증기 동력은 주조, 섬유산업, 선박, 기차, 석탄 광산 등에서 사용되었다. 공학의 여러 분야가 좀더 발달되고 다변화됨에 따라 공학이 더 뚜렷하게 세분화되었다. 더 나아가서 토목, 기계, 전기, 화학공학 분야별로 학회가 성립하게 되었으며, 이들 전문학회가 활발하게 움직임으로써 각 분야의 설계 방법과 공학 전문직업이 발달하게 되었다.

1.5 레오나르도 다 빈치의 설계도

'모나리자' 라는 그림을 그린 매우 유명한 이탈리아의 레오나르도 다 빈치(Leonardo da Vinci, 1452~1519)는 매우 유명한 예술가이며 과학자로 잘 알려져 있다. 많은 사람들은 그를 화가로 생각하지만 정작 레오나르도 다 빈치는 자신을 화가로 생각하지 않았다. 그는 스스로를 과학자, 발명가로 여겼으며, 회화를 자신의 탐구 활동에 대한 산물로만 여겼을 뿐 매우 중요하게 여기지는 않았던 것이다. 그는 실제로 일생동안 수많은 과학적 업적을 달성했고 수많은 제품들을 발명했다. 그의 아이디어가 실제적인 발명으로 바로 이어지지는 못했지만 그의 설계 도면들은 정말 획기적인 발상의 전환이었다. 이 절에서는 몇 가지 가장 대표적인 그의 설계도를 살펴보도록 한다.

〈그림 1-1〉은 두 사람이 낮은 층에서 달리고, 회전할 수 있는 헬리콥터 설계도이다. 회전은 육지에서 날아오를 수 있게 회전 '날개(fans)' 의 힘을 이용한다.

〈그림 1-2〉는 다 빈치가 설계한 것으로 현대적인 공작기계의 효시가 되었던 설계 도면이다.

〈그림 1-3〉은 물을 퍼올리는 기계다. 이 발명은 물의 회전을 고려한 것으로 두 개의 아르키메데스의 나사와 두 개의 꼭대기를 이용했다.

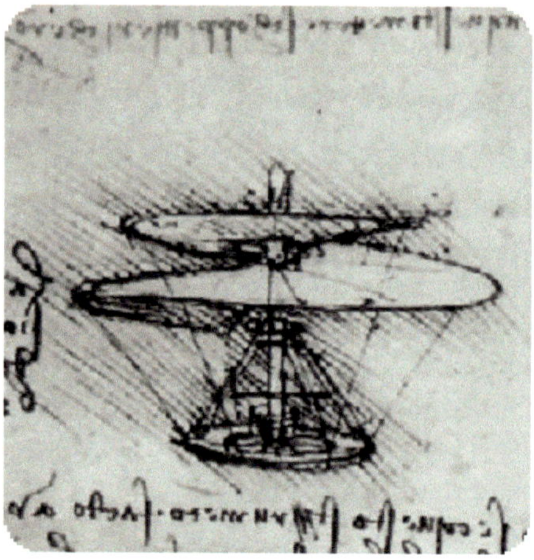

〈그림 1-1〉 헬리콥터

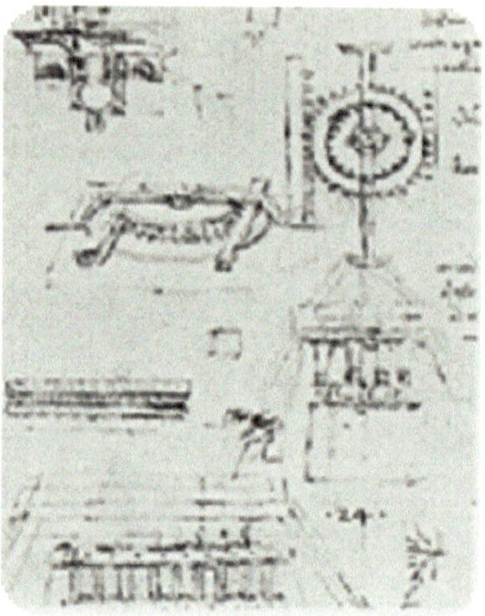

〈그림 1-2〉 공작기계

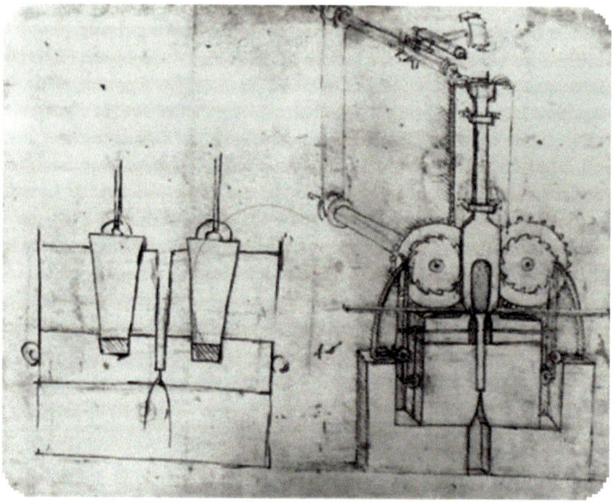

〈그림 1-3〉 물을 퍼올리는 기계

〈그림 1-4〉는 레오나르도가 구상했던 헬리콥터에 이용되는 착륙 기어다. 이 기계는 버팀목과 사다리로 구성되어 있으며, 버팀목과 사다리는 쑥 들어갈 수 있게 설계되었다.

〈그림 1-5〉는 석궁의 일종이다. 이 기계는 방어를 위해 제작되었는데 휠, 석궁, 방어막으로 구성되어 있다. 이 휠은 휠의 꼭대기에서 걸어 다니는 사람에 의해 회전된다. 활을 쏘는 사람은 휠의 안쪽에 위치하게 되며 적이 주변에 오면 석궁은 불로 된

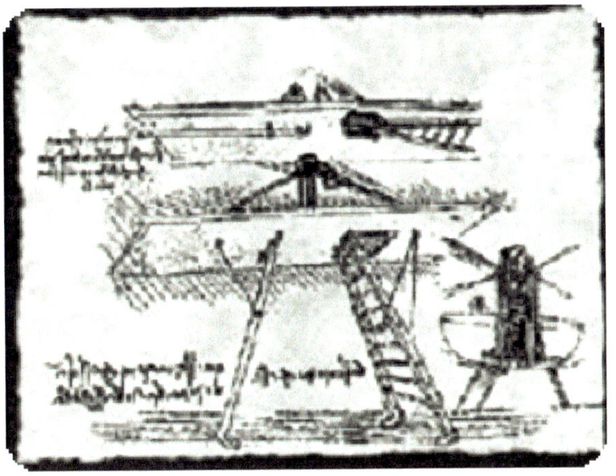

〈그림 1-4〉 착륙 기어

〈그림 1-5〉 석궁

화살을 쏘게 된다. 화살은 불로 되어 있고, 방어막은 휠에서 걷고 있는 사람에 의해서 보호되는 원리이다.

〈그림 1-6〉은 수레에 의해서 끄는 초대형의 발리스타(ballista)이다. 발리스타는 활의 원리를 이용하여 큰 목제의 틀에 동물의 힘줄, 말의 털, 여자의 머리털 등으로 만든 시위를 걸고 그 장력(張力)을 이용해서 돌, 나무 탄알, 화살, 창 등을 날리도록 만든 장치이다.

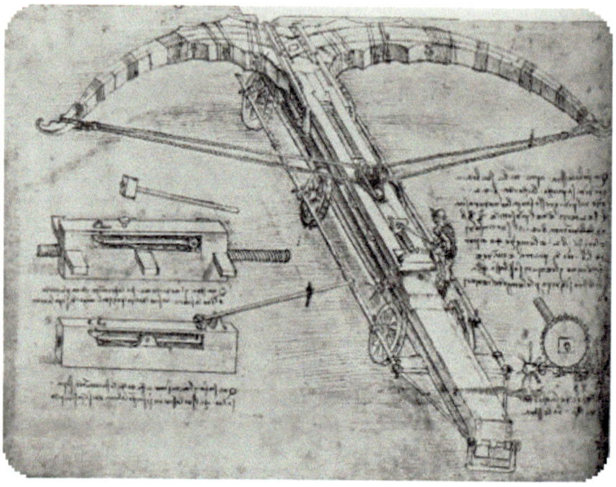

〈그림 1-6〉 초대형 발리스타

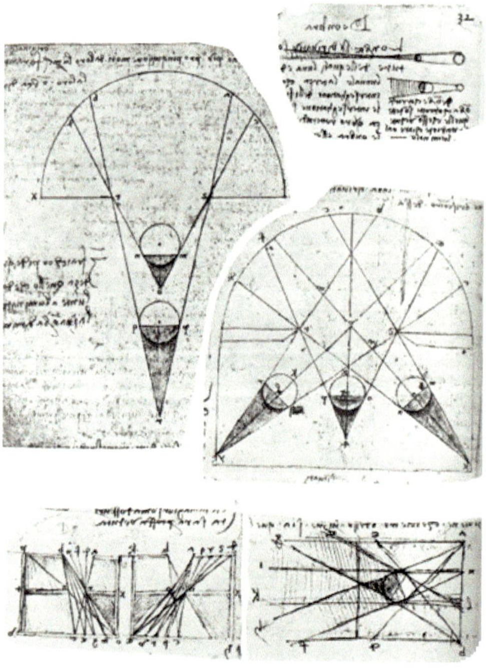

〈그림 1-7〉 낙하산

이외에도 레오나르도 다 빈치는 아메리카라는 이름이 있는 최초의 세계지도, 증기선, 인체해부도, 자궁 속 태아의 모습, 헬리콥터, 잠수복, 엘리베이터, 자동차, 시계, 굴착기, 자전거, 탱크, 망원경, 낙하산, 크레인, 기중기, 다연발 대포, 투석기, 최초의

〈그림 1-8〉 비행기(행글라이더)

〈그림 1-9〉 교량

탱크, 이중 선체 선박, 선개교(旋開橋), 기계화한 성(城) 공격용 사다리 등 정말 많은 것들에 대한 설계도를 그려 많은 아이디어를 인류에게 제공하였다. 레오나르도 다빈치가 실제로 발명했다기보다는 스케치를 통해 그 가능성을 제시한 것이다.

창의적 문제 해결과 공학 설계

Chapter 2

2.1 창의적 문제 해결이란 무엇인가?

공학은 우리가 사용하는 모든 공산품의 안전성, 편의성, 효율성, 경제성, 쾌적성 등을 개선하는 활동이다. 이 세상에 존재하는 모든 인공적인 것들은 완전한 것이 없으므로 항상 개선될 여지가 있다. 생활에서 느끼는 불편함, 부족한 안전성과 불확실성, 새로운 기능이나 좀더 쾌적한 환경에 대한 욕구 등이 공학인이 해결해야 하는 공학 문제들이다.

'창의적 문제 해결' 이란 용어에서 '문제' 는 현재 존재하는 것과 앞으로 존재하기를 바라는 것 사이의 차이에서 발생되는 것이라 볼 수 있다. 즉, 올바른 해결책을 통해 현재 상태보다 개선된 상태로 변화가 요구되는 상황들이 모두 문제로 정의될 수 있는 것이다.

이러한 문제들은 그 특성에 따라 해결 방법이 다르다. 우리는 학교 공부에서 수많은 문제를 풀었고 그것이 학교 공부의 중요한 부분을 차지했다. 학교에서 풀은 문제들은 대부분 문제가 이미 명확히 정의되어 있어서 학생들은 주어진 조건에 따라 기억된 지식을 통하여 답을 찾았으며, 수학 및 과학 문제는 분석적 사고나 실험을 통하여 답을 찾으면 되었다. 그러나 공학적 문제 해결은 문제가 존재한다는 것을 인식하고 그 실체를 정확히 파악하여 정의하는 문제 정의부터 시작해야 한다. 그러므로 문제를 파악하고 정의하는 능력이 엔지니어가 갖추어야 할 가장 기본적이고 중요한 능

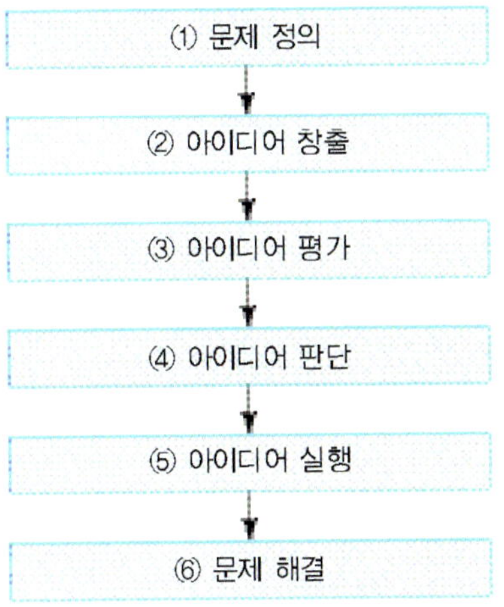

〈그림 2-1〉 창의적 문제 해결 과정

력의 하나가 된다. 공학적 문제의 해결은 창의적 문제 해결 과정을 통하여 이루어진다. 창의적 문제 해결은 "문제의 정의, 아이디어의 창출, 평가, 판단, 실행"의 순서에 따라 최적의 해를 찾고 실행하는 일련의 과정이다(〈그림 2-1〉 참조).

〈그림 2-1〉의 각 단계를 간단히 설명하면 다음과 같다.

첫째, 문제 정의 단계는 진짜 문제의 원인이 어디에 있는가를 찾는 과정으로서 분석적인 좌뇌와 감성적이고 시각적인 우뇌를 이용하여 문제의 근원을 찾는다. 문제 정의 단계의 결과물은 문제의 핵심이 정확하고 간결하고 긍정적인 문장으로 표현된 형태(혹자는 이를 '문제정의문'이라 하기도 함)로 나타난다.

둘째, 문제정의문이 완성되면 브레인스토밍을 포함하는 여러 가지 아이디어 창출 기법을 사용하여 문제 해결책들에 대한 아이디어를 찾는 아이디어 창출 단계이다. 이 과정을 통하여 정제되지는 않았지만 창의적인 아이디어들이 많이 제안된다. 이 과정에서는 아이디어의 질보다는 양을 중요시하여 최대한 많은 아이디어를 얻는 것이 목적이다. 이 과정의 결과물로서 정제되지 않은 다수의 아이디어가 얻어진다.

셋째, 그 다음인 아이디어 평가 단계는 정제되지 않은 다수의 아이디어를 좀더 실용적인 아이디어로 만드는 과정이다. 아이디어를 분류하고 조합하는 과정을 통하여 실제 문제 해결에 도움이 되는 방향으로 아이디어가 다듬어진다. 이 과정의 결과물은 정제된 소수(3~5개 정도)의 실용적인 아이디어이다.

넷째, 아이디어의 판단 단계는 창의적 판단 과정으로 소수의 아이디어 후보 중에서 문제 해결 방안으로 가장 접합한 아이디어를 최종 선택하는 과정이다.

마지막으로, 아이디어 실행 단계로 최종 선택된 해결 방안을 효율적으로 실천하는 과정이며, 이로써 문제를 해결하게 된다.

2.2 공학 설계란 무엇인가?

1장에서는 웹스터 사전에서 제시된 설계(design)의 정의를 살펴보았다. 딤(Dym)은 "설계란 그 형태와 기능이 목표에 부합하고 구체적인 조건들을 충족시키는 제품에 대한 체계적이고 지적인 창조 행위이자 평가 행위"라고 정의하였다.

공학 설계에 대한 공식적인 정의라 생각되는 미국의 공학인증협회(ABET, Accreditation Board for Engineering and Technology)의 정의를 보면 "공학 설계란 필요한 것을 만들기 위해 시스템, 요소, 프로세스를 고안하는 과정이다. 즉, 기초과학, 수학, 공학을 적용해 자원을 목표에 부합하도록 가공하는 의사결정 과정이다"라고 서술하고 있다.

일반적으로 사람들은 설계에 대하여 다음과 같이 생각한다.

- 어떤 것이 어떻게 결합되어 있는지를 보여주는 도면
- 제품이 어떻게 만들어지는가를 보여주는 사양서
- 기기를 구성하고 있는 부품 목록
- 물건 겉모양에 대한 그림(렌더링)
- 장비의 목적과 작동 방법에 대한 설명서
- 제품 또는 건물 치수

공학 설계란 위에 열거한 내용 모두 또는 그 이상을 의미할 수 있다. 어떤 기기, 제품, 장비, 프로그램, 복합화합물 및 건설 관련 문제에 대해 팀 또는 개인이 해결안이라고 생각하는 모든 아이디어를 공학 설계라고 정의할 수 있다. 위에 열거된 내용은 공학 설계 과정에서 생긴 결과물이다. 설계자는 우선 제품 또는 기기를 서면 또는 컴퓨터에 나타내기 이전에 여러 종류의 문제 해결 방안을 생각해 보아야 한다. 일반적으로 그런 문제들의 해결 방안은 여러 가지이고 절대적으로 유일한 정답이란 없다. 따라서 설계자는 제품을 실제 사용하게 될 소비자가 설정한 목적에 맞는 해결안 중에서 선택해야 한다. 예를 들면 제품, 기기 또는 구조와 관련된 모든 특성이 설계에서는 선택 대상이 된다. 설계자는 설계 내용을 상세하게 표현하기 위하여 모양, 재질, 크기, 조립 방법 및 색깔 등을 결정해야 하며 이러한 작업들이 설계의 핵심이다.

설계와 관련하여 위와 같은 결정을 하고 나면, 그 내용을 설명하고 평가하고 결함에 대해 수정 보완하는 작업을 거쳐야 하는데 이를 의사소통(communication) 과정이라고 한다. 설계의 질은 얼마나 결정이 잘 되고 의사소통이 원활히 이루어졌느냐에 달려 있다. 의사소통 과정에서는 다음과 같은 질문들에 대해 고민하고 그 해결책을 찾고자 노력하게 된다.

- 과연 이런 결정이 최종 소비자를 만족시키는 해결 방안을 만들어낼 수 있는가?
- 과연 이런 결정이 모든 합리적 대안들 가운데 가장 좋은 선택이라고 할 수 있는가?
- 과연 이런 결정이 사용자의 모든 목적을 고려했나?
- 과연 이런 결정이 공학 윤리에 맞는가?
- 과연 이런 결정이 모든 법적 또는 제도적 규정을 따르는가?

물론 질과 효율성 면에서 실제 공학 설계가 지닌 특수한 요소들을 추가시킬 수 있지만 여기서 강조하고자 하는 것은 공학 설계도 결국 의사결정이라는 사실이고, 이에 따라 공학 설계를 "주어진 제약 조건 내에서 어떤 목적을 달성하기 위해 창의적 문제 해결 노력을 통해서 얻어진 합리적 결정들의 의사소통이다"라고 정의 내리기도 한다.

2.3 공학 설계 교육의 중요성

18세기 초반에 대학들은 설계 실습과 공학적인 지식을 전파하는 데 중요한 역할을 하였다. 사실상 이 기관들은 이전에도 수세기 동안 존재했었다. 예를 들면, 볼로냐대학(University of Bologna)은 11세기에 설립되었으며 옥스퍼드(Oxford University)는 12세기에 설립되었다. 그러나 이 초기의 대학들의 목적은 교회에서 일할 학자들을 교육하기 위한 것이었다.

기술적인 주제를 가르치는 대학은 1707년에 프라하(Prague)에서 설립되었으며 또 다른 대학들이 오스트리아와 독일에서 설립되었다. 이들 기관에서 일했던 사람들이 설계이론과 제작 방법을 개발한 사람들이라고 할 수 있다. 공학에 있어서 설계의 중요한 역할에도 불구하고 독일의 대학에서 공학 설계에 관한 교수직은 1965년에야 비로서 뮌헨대학(Technical University of Munich)에 설치되었다. 이러한 비전 있는 조처는 주요한 공과대학(Technische Hochschule)들이 재빠르게 답습하였으며, 이들 대학과 다른 독일 대학에서는 졸업생들에게 설계 과정을 강하게 요구하게 되었다. 그리고 궁극적으로는 독일 산업의 강점으로 나타나게 되었다.

초기의 대학들은 정부의 계약을 받지 않고 교과과정을 개설할 수 있었으며 따라서 학문적인 자유가 주어져 있었다. 그러나 이제 고등교육기관의 교육 프로그램은 외부 전문기관의 심의를 받게 되었다. 미국에서 공학교육에 관한 심의기구는 공학인증협회(ABET, Accreditation Board for Engineering and Technology)이다. 이 기관에 속한 심의위원들은 가끔 공학설계 교육과 대학의 공학교육 교과과정을 평가할 때 설계 교과과정에 대해 비평을 가한다. 이는 훌륭한 설계실습이 산업체와 국가 발전에 매우 중요한 역할을 하기 때문이다.

다른 연방기관들은 미국의 전반적인 설계의 질이 다른 나라들에 비해 떨어짐을 인식하고 있으며 대학은 이런 상황을 초래한 죄인으로 지적받아 왔다. 국가연구협의회(NRC, National Research Council)의 보고서에 따르면 다음과 같다.

> "... 미국의 공학 설계 교육은 빈약하다. 좋은 설계자가 되고자 준비하는 엔지니어와 미국 산업의 대외 경쟁력을 강화할 수 있는 초석을 마련할 지도자를 장기적으로 육성하기 위해서는 공학 설계 교육을 강화해야 한다."

수많은 보고서가 정부, 산업체, 대학 간에 긴밀한 협조관계가 수립되어야 함을 지적했다. 그리고 더 나아가서 대학의 설계 경험의 정의에 관한 수정안이 미국 공학인증협회에 제출되었으며, 그 내용의 일부는 다음과 같다.

> "교과과정에 있어 공학 설계 요소는 반드시 다음과 같은 사항을 포함해야 한다. 학생들의 창의성 개발, 개방형 문제의 취급, 설계 방법의 개발과 사용, 설계 문제의 요구사항과 사양의 정식화, 대안을 심각하게 고려할 수 있는 능력, 타당성 검토, 제조공정, 향상된 설계 방

법, 동시공학 설계, 제품의 수명에 대한 고찰, 시스템 요소 설계, 설계 과제에 있어 다른 전공자들과의 교감 등이다. 더 나아가서 실제적인 다양한 제약 조건들, 즉 경제적인 요인, 안전성, 신뢰성, 미적 감각, 윤리관, 사회적인 영향을 포함해야 한다. 마지막으로 설계 강의는 교과과정에 반드시 도입되어 학생들이 공학 프로그램을 통해 설계 능력을 지속적으로 향상시킬 수 있도록 해야 한다."

이 제안서는 현재 이루어지고 있는 다른 많은 공학 교과과정보다 상위의 교육 경험의 기준을 제공하며, 학생들이 가장 최상의 산업 설계 실무에 접하도록 하고 있음을 알 수 있다.

체계적인 설계 절차

Chapter 3

3.1 체계적 설계의 필요성

제품을 개발하는데 있어서 직면하게 되는 문제와 과제가 다양하기 때문에 설계 활동도 여러 가지 특성을 지닌다. 무엇보다도 먼저 기초과학과 공학 지식에 의존해야 하며, 특수한 제품 분야에 대한 경험을 필요로 한다. 설계 활동이 딱딱한 조직에만 의존하거나 정해진 순서만 따르기만 하면 되는 고정된 작업이어서는 안된다. 제품의 기술적, 경제적 특성에 대해 설계자가 중심적인 책임이 있고, 시기 적절하고 효과적인 제품 개발이 상업적으로 중요하기 때문에 좋은 해결안을 찾기 위한 정의된 설계 과정을 보유하는 일은 매우 중요하다. 이 설계 과정은 유연해야 하고, 동시에 기획화 및 최적화도 가능하며 증명된 것이어야 한다. 하지만 그런 과정은 설계자가 관련 영역에 관한 필요한 지식을 보유하고 체계적인 방식으로 작업을 할 때에만 실현될 수 있다.

요즘에는 설계과학과 설계방법론을 구분하기도 한다.

설계과학에서는 기술 시스템의 구조나 그 구조와 환경 사이의 관계를 분석하기 위해 과학적 방법을 사용한다. 설계과학의 목표는 시스템 구성요소와 그들 사이의 관계로부터 시스템을 개발하기 위한 규칙을 유도하는 것이다.

반면에 설계방법론은 설계과학과 인지심리학 및 상이한 분야들에서의 실제적인 경험으로부터 얻어지는 지식에 의해 기술 시스템을 설계하는 구체적인 활동 과정이다. 설계방법론에는 다음과 같은 것들이 포함된다: 내용과 조직에 따라 작업 순서와 설계 단계들을 연결시키기 위한 활동 계획, 일반적인 목표와 특수한 목표들을 달성하기 위한 전략, 규칙 및 원칙들, 개별 설계 문제나 부분 과제를 해결하기 위한 방법. 따라서 설계방법론은 다음과 같은 조건들을 만족시켜야 한다.

- 문제 지향적인 접근이 가능해야 한다. 즉, 특수 분야에 상관없이 모든 종류의 설계 활동에 적용 가능해야 한다.
- 창조성과 이해력을 증진시켜야 한다. 즉, 최적 해결안의 탐구를 가능케 하여야 한다.
- 다른 원리의 개념과 방법 및 결과와 보완 가능해야 한다.
- 해결안을 우연히 찾는데 의존하지 않는다.
- 관련된 과제에 대해 알려진 해결안의 적용이 가능해야 한다.
- 전자적인 자료 처리가 가능해야 한다.
- 쉽게 가르치고 배울 수 있어야 한다.
- 인지심리학과 현대 인간공학의 업적을 반영해야 한다. 즉, 작업량을 줄이고 시간을 절약하며, 인간에 의한 실수를 방지하고 적극적인 관심을 유지하도록 도와줄 수 있어야 한다.

그와 같은 접근법은 설계자가 가능한 해결안에 보다 빨리 그리고 직접 도달할 수 있게 한다. 다른 원칙들도 보다 과학화되고, 컴퓨터의 사용이 점점 더 논리적인 자료 처리를 요구하는 것과 발 맞추어, 설계작업도 보다 논리적이고, 보다 체계적이며, 보다 명확하고 개선에 보다 개방적이어야 한다. 설계자의 사회적 지위에 대한 긍정적 평가를 증진시키고, 보다 창조적인 재능과 과학적 흥미를 가지는 엔지니어들을 이 분야로 유인하는 일은 설계자의 작업 방법과 스타일이 과학과 산업계에서의 현대적인 발전 사항과 조화를 이룰 때에만 가능하다.

직관이나 경험의 중요성을 무시하기 위해 이러한 말을 하는 것은 아니다. 체계적 과정은 재능있는 설계자의 업적과 창조성을 증진시키기 위해 보조적으로 이용될 수 있을 뿐이다. 논리적이고 체계적인 접근 방법은 그것이 아무리 정확하다고 할지라도 종합적 해결안을 암시해 주는 직관을 이용하기 마련이다. 직관이 없이 실질적인 성공을 거둘 수는 없다.

따라서 설계방법론은 설계자의 능력을 촉진하고 지도하며 창조성을 증진시키고,

동시에 설계 결과를 객관적으로 평가할 수 있도록 하여야 한다. 이런 방법을 통해서만 설계자의 전반적인 입장과 그들의 작업에 대한 관심을 증진시킬 수가 있다. 체계적 과정은 설계 작업이 이해되도록 해 주며 아울러 가르치는 일도 가능케 한다. 그러나 설계방법론과 관련하여 배우고 알게 된 어떤 사항도 무조건 따라야만 하는 교리처럼 여겨져서는 안 된다. 체계적 설계 과정은 단지 설계자가 무의식적인 노력을 하기보다 의식적인 노력을 기울이고 좀더 의도적인 경로를 따라갈 수 있도록 방향을 잡아주고자 하는 것이다. 그 결과, 설계자가 다른 엔지니어들과 공동작업을 할 때 단지 자기 자신의 일에만 매달리지 않고 작업을 선도할 수 있게 된다.

체계적 설계는 설계 과정과 생산과정을 합리화하는 효과적인 방법을 제공한다. 고유 설계에 있어서 순서적이고 단계적인 방법은, 그것이 비록 약간 추상적이라 할지라도, 반복해서 이용 가능한 해결안을 제공한다.

문제와 과제를 구조화하면, 과거의 설계 프로젝트에서 세워놓은 해결안을 응용 가능한지 판단하기도 쉽고, 또한 설계 프로젝트에서 세워놓은 해결안을 응용 가능한지 판단하기도 쉽고, 또한 설계 카탈로그를 이용하기도 쉽다. 계열 제품과 모듈 제품을 개발하는 작업은 설계 분야에서의 합리화를 위한 중요한 시작이지만 생산공정을 위해서는 매우 중요한 작업이다. 확립된 해결 원리들을 단계별로 구체화 해놓으면, 적은 노력만으로 초기 단계에서 결정하고 최적화하는 일이 가능해진다.

컴퓨터에 저장된 제품 모델들을 이용할 수 있기 때문에 설계 방법론은 설계 과정에서 유연하고 연속적인 컴퓨터 이용을 가능케 하는 전제조건이기도 하다. 이 방법론이 없이는 다음과 같은 것들이 불가능하다: 지식기반 시스템의 개발, 형상 모델링, 저장된 자료와 방법의 이용, 형상 모델러와 해석 프로그램과 같은 별개 프로그램의 결합, 자료흐름의 연속성 보장, 회사 내 다른 부서들간의 데이터 결합(CIM). 체계적 과정은 설계자와 컴퓨터가 작업을 합리적으로 나누어 맡는 일도 보다 용이하게 한다.

합리적 접근 방법은 가격과 품질관리 면에서도 응용 가능하다. 보다 나은 자료를 가지고 보다 정확하고 신속하게 예비계산을 하는 일은, 설계분야에서의 필수사항일 뿐만 아니라 해결안의 결정을 조기에 파악하는 데도 필요하다. 이러한 이유들 때문에 설계를 체계적으로 해야 할 필요가 있다.

3.2 체계적 설계 절차의 단계

필요한 사항들을 명료화하는 문제의 서술로부터 제품 설계가 시작된다. 그런 다음, 가능성 있는 해를 창안하여 분석하고 개선하여 최종적인 해를 구한다. 설계방법론(design methodology), 즉 개념 설계(conceptual design)와 제품 설계(product design)라는 두 개의 주요한 단계로 구성된 복합과정을 채택함으로써 이 과정이 완성된다. 개념설계는 창의적 사고에 상당히 좌우된다. 개념 설계는 문제에 대한 많은 가능성 있는 해(간단한 노트나 개략적인 스케치로서 시작되는 해)의 창안으로 특징지어질 수 있다. 이 개념들을 분석하고 평가하여 가장 좋은 가능성 있는 해를 정하게 된다.

가장 좋은 가능성 있는 해는 설계 과정의 제품설계 단계에 자료를 제공한다. 이 단계에서 가장 좋은 개념의 스케치와 도면은 개선되어 실제의 제품에 관한 계획으로 변환된다. 이 변환은 창의성과 수학적 모델 및 컴퓨터 시뮬레이션 과정을 포함하는 분석의 유기적인 결합에 의하여 완성된다. 제품은 부품과 조립품으로 구성될 수 있으며, 조립품은 주조, 단조 및 용접 구조물, 볼트, 베어링, 밸브 및 다른 기성 품목 등을 포함할 수도 있다.

이러한 설계는 적응 설계(adaptive design), 개발 설계(development design), 새로운 설계(new design)로 구분될 수도 있다. 적응 설계는 설계자가 기존 설계를 이용하여 설계 작업을 하는 것을 의미하며 많은 경우 이에 해당한다. 설계자는 약간의 변형만 가하고 실질적 발전은 없는 경우가 이에 해당한다. 이런 종류의 설계는 특별한 지식이나 기술이 필요 없다. 문제가 발생하더라도 일상적인 기술 훈련으로 손쉽게 해결할 수 있다. 개발 설계는 적응 설계보다 발전된 설계를 위해서 좀더 과학적인 훈련과 설계 능력이 필요한 단계의 설계이다. 설계자는 기존 설계에서 출발하지만 최종 결과물은 그것과는 매우 다르다. 새로운 설계는 적응 설계와 개발 설계와는 현저히 다른 극소수의 설계만이 속하는 범주에 해당하는 설계다.

일반적으로 체계적 설계 절차(systematic design procedure)는 다음과 같은 단계를 포함하고 있다.

- 문제의 정의
- 가능성 있는 해의 창안
- 각 개념의 분석 및 평가

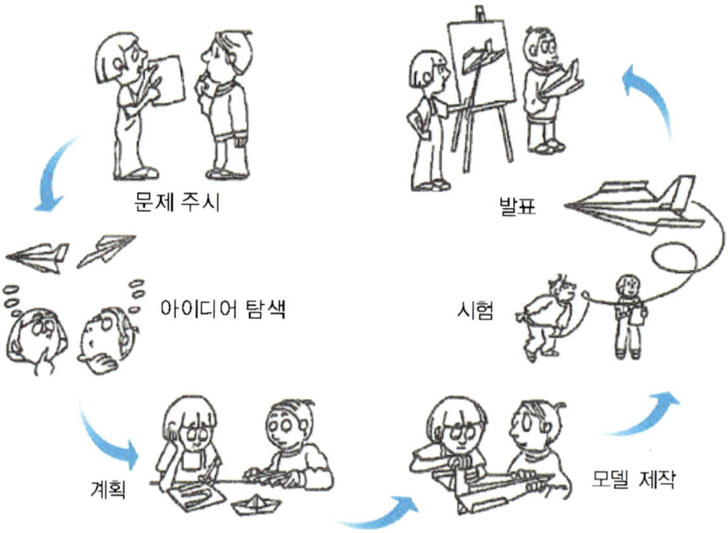

〈그림 3-1〉 종이 비행기의 설계(Brian S. Thompson, 1997)

- 가장 좋은 개념의 선정
- 가장 좋은 개념의 반복적인 개선
- 이 개념의 제품 계획으로의 변환

Thompson(1997)은 위의 과정을 종이 비행기의 개발에 관한 예로써 설명하고 있다(〈그림 3-1〉 참조).

〈그림 3-1〉에서 왼쪽의 세 컷은 개념 설계 단계를 묘사하고 있고, 오른쪽 세 컷은 제품 설계 단계를 나타내고 있다. 비행기가 어떤 일을 할 것인가를 결정하기 위한 문제의 정의가 이루어지고 그에 맞는 다양한 가능성 있는 해를 생각하게 된다.

이후 단계에서는 개발에 가장 적합한 것을 선정하기 위하여 이 다양한 개념들을 분석하고 평가하여야 한다. 이 개발 과정을 제품 설계(product design)라고 하며, 이 개발 과정에서 선택된 개념이 제품을 생산하기 위한 상세 계획으로 바뀌게 된다.

일반적으로 설계가 완성되기 직전의 마지막 제품 설계 단계에서 비행기의 물리적 모델, 즉 프로토타입(prototype, 시작품)을 제작하고 시험한다. 이 프로토타입으로서 설계가 완전하게 평가받게 된다. 제품이 생산되기 전에 실험적으로 성능 특성을 정하고, 설계 사양에 규정된 조건들과 비교한다. 보통 제품을 개선하기 위해 이 과정은 반복적으로 이루어진다.

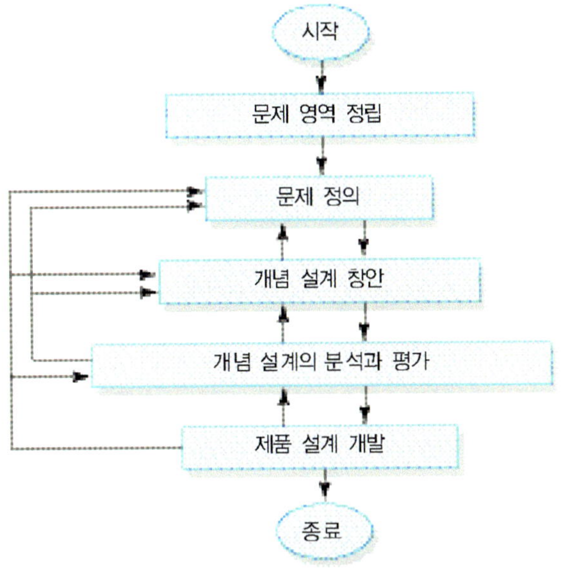

〈그림 3-2〉 체계적 설계 과정(Brian S. Thompson, 1997)

설계 과정에서의 이러한 단계들을 순서도 형태로 제시하면 〈그림 3-2〉와 같다. 설계 과정이 별개의 작업들로 구분되어 있으며, 각각의 업무는 이전 작업들과 피드백 루프(feedback loop)로 연계되어 있다.

〈그림 3-2〉의 각 단계는 창의적 사고, 분석적 사고, 결단력과 같은 인식 과정의 주기(cycling)를 포함한다.

설계 과정의 특성은 비교적 명확하지만 정확한 이 순서는 불확실하거나 문제에 따라 달라진다. 지속적인 피드백, 갱신 및 개선은 모든 창의적인 설계 활동의 핵심 요소이다. 보통 시장분석 또는 고객의 요구에 의해 설계 과정이 시작되며, 문제의 정의로부터 마지막 제품 설계로 발전하게 된다.

3.3 체계적 설계의 구성 요소

〈그림 3-2〉에 나타낸 체계적 설계 과정의 다섯 가지 핵심 단계를 간략히 설명하고자 한다.

가. 문제의 영역을 정립한다.

- 시장을 조사하고 고객의 요구를 파악한다. 만들어질 제품의 특성을 확인한다. 주요 경쟁사들의 제품을 벤치마킹한다.
- 제품에 영향을 주는 법규, 산업표준 및 환경규제 같은 제한 조건을 고려한다.

나. 문제를 정의한다.

- 문제에 매우 정통하여야 한다.
- 해결 과정을 향상시킬 수 있는 적절한 모든 자료를 수집하고 분석한다.
- 문제가 정확하게 정의되어 있지 않으면 해결 방법이 부적절하여 많은 자원이 낭비될 수 있으므로, 문제의 정의는 설계 과정에서 아주 중요한 단계이다.
- 제품의 설계사양을 만든다. 이 설계 사양은 기술적 또는 비기술적 요구 조건을 모두 포함하여야 한다. 기술적 요구 조건은 소비동력 및 유지관리 등과 같은 것을 포함하며 비기술적 요구 조건은 경제적 고려 또는 심미성 등을 포함한다.
- 제품의 특징이 되는 변수의 상대적인 중요성을 결정한다.

다. 개념 설계를 창안한다.

- 개념화는 창의성과 밀접한 관계가 있다. 설계사양을 만족하는 제품의 토대를 만들기 위해 많은 개념 설계가 이루어진다. 보통 이 가능성 있는 해는 기계 작동의 주된 특성 및 원리만을 보여주는 프리핸드(free hand) 스케치이다. 실용성이 주된 관심사이다.
- 브레인스토밍(brainstorming), 특허문헌의 검색, 표준 건축 구성요소들을 담고 있는 참고서 검토 및 생체모방적(biomimetic) 접근 방식에 의하여 개념 설계가 이루어질 수 있다.

라. 개념 설계를 분석하고 평가한다.

- 개념 설계를 분석하고 평가하는 데 있어서 비용과 성능의 개략적인(order-of-magnitude) 예측을 하기 위하여 수학적인 모델이 주로 사용된다.
- 개념 설계를 설계 사양의 기준과 비교한다. 보통 여러 가지 속성에 수치를 대입함으로써 이 단계가 수행된다. 추후의 정밀조사, 분석 및 제품 설계 단계에서의

개발을 위하여 가장 유망한 개념 설계를 하나 선정한다.

- 일반적으로 개념 설계가 처음으로 평가될 때에는 최고의 설계라고 명백하게 생각되는 현저한 개념 설계가 없는 것이 보통이다. 따라서 가장 좋은 것이 명백해질 때까지 다양한 여러 가지 개념 설계가 더 개선되어야 한다. 아무리 제품 설계 및 제조가 뛰어나도 열악한 개념을 수정할 수는 없기 때문에 개념 설계의 평가가 중요하다.

마. 제품 설계를 개발한다.

- 조립품 및 개별 부품의 설계에 의하여 개념 설계(미숙한 제품)가 점차적으로 공학적인 하드웨어로 변환된다. 제품 설계 단계라고 하는 이 과정은 분석 및 종합(analysis and synthesis) 과정을 수반한다.
- 주조립품, 부조립품 및 개별 부품에 관한 설계 사양을 개발하여야 한다.
- 각 부품에 대하여 재질, 형상, 열처리, 표면 마무리, 공차 및 채택해야 할 생산공정 등에 관한 사양을 개발하여야 한다.
- 각 부품이 경제적으로 생산될 수 있도록 하기 위하여 복잡한 계산이 필요할 수도 있다.
- 공급자로부터 구매하여야 할 부품과 조립품을 정한다.
- 생산과 검사를 용이하게 하기 위하여 모든 부품, 조립품 및 부조립품에 대한 상세도를 만들어야 하며, CAD/CAM 소프트웨어가 자주 사용된다.
- 부적절한 제품 설계는 훌륭한 개념 설계를 망칠 수 있다.
- 제품 설계는 제품 생산의 기초가 된다. 생산이 시작되기 전에 대부분의 제품에 대해서 프로토타입을 만들어 시험한다.
- 제품 속성과 제조 공정 속성 사이의 상호과정을 주의 깊게 고려하여 효율적인 생산에 관한 계획을 세운다. 이것을 제조고려설계(design-for-manufacture)라고 한다.

이러한 과정을 거친 후 이제 제품은 시장에 출하된다. 제품의 성공을 판단하고, 설계팀에게 적절한 피드백이 보장되기 위하여 고객의 반응을 요청하여야 한다. 고객의 의견은 물론, 부품 교환, 서비스 전화, 사용 수명 등을 주시함으로써 이 단계가 수행될 수 있다. 그 후에 설계는 수정되고 제품은 개선된다.

Chapter 4

지능 모델 : 허만의 두뇌 우성 모델

4.1 지능 모델의 개요

지능 모델이란 용어는 사고를 돕는 강력한 도구라는 은유적 표현이다. 지능 모델은 공학 설계와 문제 해결, 의사소통과 팀워크, 학습과 혁신, 정보관리 등의 활동을 뒷받침 해주는 중요한 임무를 가지고 있다.

개인의 사고 선호도를 아는 것은 매우 중요하다. 또한 어떤 조직에서 이 지능 모델이 이해되고 공유될 때 의사소통과 팀워크는 증대되고, 지식 창출이나 혁신이 가속화되며, 학습과 정보 관리가 향상되고, 빠르게 변화하는 세계의 경쟁 속에서 성공적인 제품과 서비스를 제공하기 위한 결정적 요소인 더 나은 공학적 디자인과 더 좋은 문제해결에 이르게 된다.

이 장에서 소개하는 허만(Herrmann)의 두뇌우성 분석도구(HBDI)는 우리가 왜 일을 그렇게 하는지, 그리고 우리와 다르게 사고하는 사람과의 의사소통에서 무엇 때문에 문제점이 생기는지에 대한 힌트를 얻을 수 있는 유용한 도구이다.

4.2 두뇌 우성이란 무엇인가?

네드 허만(Ned Herrmann)은 물리학을 공부하였으며 GE(General Electric)의 물

리학 관련 프로그램의 창립사원으로 고용되었다. 그가 처음 입사했을 당시 사내에서 그를 엔지니어로 전환시키기 위한 시도가 있었지만 그는 이것을 내내 반대하였다. 그는 인간 두뇌의 창의성에 관한 수년간의 연구를 통하여 두뇌가 활동하는 방법에 따라 그 두뇌가 특화된다는 것을 알게 되었다. 이와 같이 특화된 유형들은 각각 고유의 언어, 가치, '인식 방법' 을 가지고 있는 4개의 독특한 사분면으로 비유될 수 있다. 각 개인은 이와 같은 사고 선호도가 독특하게 결합되어 있고, 하나 혹은 그 이상의 강한 우성을 가지고 있다. 우성은 빠른 응답 시간과 높은 기술 수준이라는 장점을 가지고 있고, 우리는 이 우성 유형을 학습이나 문제 해결에 사용한다. 한 사고 유형에 대한 선호가 강하면 강할수록 다른 사고 유형에 대해서는 불편함을 느낀다.

우성 유형이 '반대' 인 사람들은 서로 다른 '색안경' 으로 세상을 보기 때문에 서로 의사소통을 하거나 상대방을 이해하는 데 있어 큰 어려움을 느낀다. 이것을 극복하는 아주 좋은 방법은 없을까? 허만은 각각의 사고 유형은 그 사고 유형이 수행하도록 계획된 작업들에 있어 최적인 것을 발견하였다. 우리의 교육 체계가 순차적인 추론 기술 향상에 초점이 맞추어져 있기 때문에 선생님이나 가족 혹은 고용주가 가끔 창의적 능력을 위축시켜 왔다. 정말로 필요한 것은 여러 가지 사고 능력 모두에 대한 보다 균형 잡힌 인식이다. 우리는 두뇌 전체로 사고하고 문제를 해결하기 위하여 이와 같은 능력들을 어떻게 이용하고 통합하는지를 아는 것이 필요하다.

허만이 두뇌 특화에 기초한 사고 선호도를 진단할 방법을 찾았을 때 기존의 방법 중에서는 그의 목적에 알맞은 방법을 찾을 수 없었다. 그래서 그는 현재 허만 두뇌우성 분석도구(Herrmann Brain Dominance Instrument: HBDI)라고 불리는 방법을 개발하였다. 이 방법에서는 120가지 질문에 대한 답을 얻은 후 그 답이 북 캐롤라이나 주에 있는 허만 국제본부 컴퓨터에 의하여 평가되고, 그 결과는 그래픽 특성도표와 숫자로 된 점수로 제공된다. 두뇌 연구에 있어서 최근의 진보는 두뇌가 좌뇌와 우뇌, 대뇌와 대뇌 변연으로 나뉘어져 결과적으로 〈그림 4-1〉에서와 같이 서로 구분되는 4개의 사분면이 된다는 '묘사적인' 은유적 모델이 의미 있다는 것을 뒷받침한다. 수백만 개의 HBDI의 결과를 처리하여 허만은 현재 20만 명이 넘는 개인의 실제 데이터베이스를 가지고 있으며, 그의 딸 네디(Nehdi)는 HBDI의 결과 처리와 판단, 해석에 있어 신뢰성과 우수성을 보장하기 위하여 사람들을 훈련시키고 인증하고 있다.

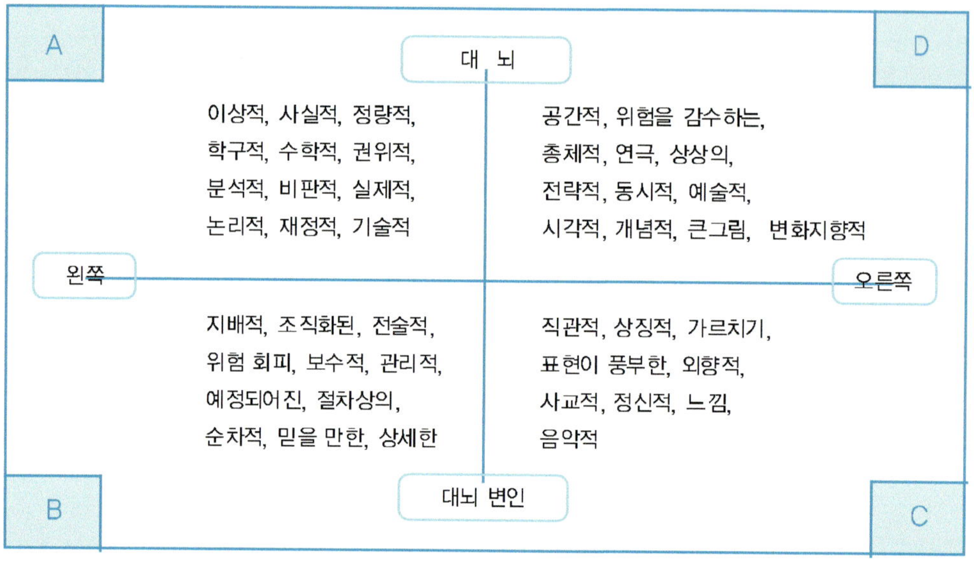

〈그림 4-1〉 사고 특성과 허만의 두뇌우성 모델의 단서(Edward Lumsdaine 외 3인, 2000)

공학 교수의 경우에 있어 허만 두뇌우성 특성도표의 전형적인 평균이 〈그림 4-2〉에 나타나 있다.

어떤 임의의 사분면에서 가장 안쪽 원(3번 원)에 점수가 위치하면 그러한 사고 유형에 관해서는 낮은 우성(회피성)을 보여주며, 그 다음 원(2번 원)에 위치하면 그 사고 유형을 사용하는 것이 편안하다는 것이고, 좀더 밖에 위치한 것은 강한 우성을 나타낸다. 이 HBDI 특성도표는 어떤 개인이나 집단이 갖고 있는 우성의 정도를 일목요연하게 보여준다. 어떤 사분면에서 낮은 점수를 갖는다는 것은 이 방법으로 사고할 수 없다는 것을 의미하는 것은 아니며, 선택권이 주어졌을 때 다른 사고 유형을 선택한다는 것이다. 만약 열심히 노력한다면 학생은 그가 피하려는 경향이 있는 사고 유형이 필요한 과목에서도 우수한 점수를 얻을 수 있다.

반대로 강한 우성을 가지고 있다는 것이 더 나은 사고를 할 수 있는 것을 의미하는 것은 아니며, 단지 강한 우성을 가지고 있는 이 분야에서 능력을 개발하기 쉽다는 것을 의미한다. 〈그림 4-2〉에서 점선은 특정 시간에 한 교수 그룹에 의해 강의되는 공학 교과과정의 임시(proforma) 특성도표를 나타낸다. 임시 학습에 있어서는 작업 수행에 필요한 자료, 문서의 내용, 한 개인의 필생의 사업 혹은 경영철학 또는 문화 등도 허만의 사분면 모델로 해석된다.

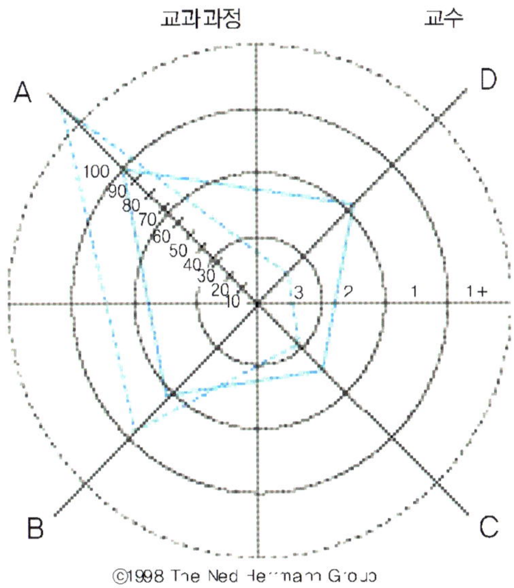

〈그림 4-2〉 공학 교수의 전형적인 평균 HBDI 특성 도표와 기계공학 교육과정의 임시 특성도표(Edward Lumsdaine 외 3인, 2000)

4.3 두뇌 우성 모델에서 각 사분면의 특징

가. 분석적 사고를 하는 A사분면의 특징

A사분면 사고는 실제적, 해석적, 정량적, 기술적, 논리적, 이성적, 비판적이다. 이 사고는 자료 분석, 위험 평가, 통계, 예산, 계산뿐만 아니라 기술적 하드웨어, 분석적 문제 해결, 논리와 추론에 근거한 의사결정 등을 다룬다. A사분면 문화는 물질적이고, 학구적이고, 권위적이다. 그것은 성취 지향적이며 성과 위주형이다.

A사분면 사고를 선호하는 사람은 학교에서 대수학, 미적분학, 회계뿐만 아니라 과학, 공학, 기술과목 등 특정 과목을 선호하고 특정 직업을 선호한다. 대부분의 교과서는 A사분면 방식으로 쓰여져 있다. 법률가, 엔지니어, 컴퓨터 과학자, 분석가, 기술자, 은행가와 외과의사가 일반적으로 A사분면 사고에 있어서 강한 우성을 나타낸다. A사분면 사고를 하는 사람은 '본질', '사실 접근', '비판적인 분석'에 대하여 이야기를 한다. 그들은 '계산기', '인간기계' 혹은 '인텔리'처럼 말한다. A사분면이 우

[표 4-1] A사분면 학습활동 및 행동(Edward Lumsdaine 외 3인, 2000)

- 지식과 정보 찾기: 도서관 검색하기
- 하나의 기본 틀에서 논리적으로 정보를 다루기(그러나 마지막까지 세밀하게 하지는 않음)
- 유용한 정보를 제공하는 강의를 청취하기
- 교과서 읽기 - 대부분의 교과서가 A사분면 사고자를 위하여 쓰여졌음
- 예제와 답을 분석(연구)하기
- 아이디어를 숙고하기(합리적, 비판적)
- 과학적 방법을 사용하여 연구하기
- 가설을 세우고 그것의 진위를 검증하기
- 사실과 기준 및 논리적 추론에 근거하여 아이디어를 평가하기
- 기술적이고 재정적인 사례 연구하기
- 어떻게 컴퓨터가 동작하는가를 알아보기: 그것을 이용하여 수학이나 정보처리를 함
- 사람과 사회적 관심거리보다는 물건이나 기계를 다루기
- 미래의 가능성보다는 실체와 현재를 다루기
- 물건의 가격이 얼마인지 알아보기
- 기술적 인공물(다리나 기계 등)을 연구하기 위하여 다른 문화권으로 여행하기

[표 4-2] A사분면 사고를 연습하기 위한 활동(Edward Lumsdaine 외 3인, 2000)

- 일, 학습, 연구에 있어서 목표를 정하기
- 아직 전혀 모르는 주제에 대하여 데이터와 정보를 모으기
- 자주 사용하는 기계에 대한 설명을 읽고 실제로 어떻게 그 기계가 동작하는지를 알아보기
- 고장난 작은 기구를 택하여 무엇이 문제인지 진단하기
- 현재의 기술적 문제 상황을 택하여 전체적인 상황을 고려하여 분석하기
- 최근의 갑작스러운 결정을 검토하고 그것의 합리적 논리적 측면을 확인하기
- 공직에 출마한 정치인이 어떤 정견을 갖고 있는가를 분석하기
- 투자 모임에 참가하거나 퇴직 후의 재정적 문제에 대하여 계획 세우기
- 논리 퍼즐이나 게임하기: 체스 두기
- 컴퓨터에서 분석용 소프트웨어나 연산표(spreadsheet) 사용법을 배우기
- 그룹의 의사결정 과정에서 악당 옹호자 역을 하기
- 즐겨보는 TV 프로그램이나 영화, 시, 연극, 책, 노래나 예술 작업에서 논리적 추론에 근거한 비평 쓰기

성인 사람이 선호하는 학습활동이 [표 4-1]에 열거되어 있으며, [표 4-2]는 A사분면 사고를 연습하기 위한 활동의 예이다.

나. 순차적 사고를 하는 B사분면의 특징

B사분면 사고는 순차적이고, 규제되어 있고, 계획적, 보수적, 구조적이며, 자세하고, 훈련되고, 일관된 사고이다. 이 사고는 관리, 전술적 계획, 절차, 조직적인 형태, 안전보장, 결과의 구현, 현상황 유지, '절대 확실한' 것들을 다룬다. B사분면 문화는 전통적이고, 관료적이며, 신뢰성이 있다. 이것은 성취 지향적이며 작업 주도형이다.

B사분면 사고를 선호하는 사람은 그들의 교과목이 매우 구조적이고 순차적으로 구성되기를 바란다. 계획입안자, 관료, 관리자, 경리 담당자 등은 보통 B사분면 사고 선호도를 보인다. B사분면 사고 유형이 우성인 사람은 '우리는 늘 이렇게 해왔다', '법과 질서', '자기 수양' 또는 '안전 제일'에 대하여 이야기한다. 그들은 '교육자', '까다로운 사람', '꾸준히 열심히 일하는 사람'인 양 이야기한다. B사분면 사고자가 선호하는 학습활동이 [표 4-3]에 열거되어 있다.

B사분면 행동은 시간과 관련된 부분에서 쉽게 구분된다. B사분면 사고를 하는 사

[표 4-3] B사분면 학습활동 및 행동(Edward Lumsdaine 외 3인, 2000)

- 임기응변보다는 주어진 지침을 철저하게 따르기
- 세세한 숙제 문제를 산뜻하고 신중하게 풀기
- 결함과 단점을 찾기 위해 이론과 과정을 실험하기
- 실험 작업을 차근차근 수행하기
- 실험 실습의 결과에 대하여 순차적으로 보고서를 작성하기
- 교육용 소프트웨어를 가지고 컴퓨터를 이용하기
- 학습된 지식의 응용 사례를 찾아내기 – 이론만으로 부족함
- 계획이나 프로젝트를 기획하고 그것을 계획과 시간에 맞추어 수행하기
- 세부적인 강의를 청취하기
- 자세하고 종합적인 노트하기
- 정돈된 환경에서 정해진 계획에 맞추어 공부하기
- 자세한 예산계획을 세우기
- 빈번한 반복에 의하여 새로운 기술을 연습하기
- 조직과 절차를 배우기 위하여 현장 실습하기
- 프로젝트에 관하여 '어떻게 하는가'에 대한 지침서를 작성하기

[표 4-4] B사분면 사고를 연습하기 위한 활동(Edward Lumsdaine 외 3인, 2000)

- 복잡한 조리법의 지시에 따라 새로운 요리를 만들기
- 새로운 것을 학습하기 위하여 '계획학습' 소프트웨어 패키지를 사용하기
- 프로젝트의 각 단계를 자세하게 작성하여 기획하고 수행하기
- 조립식 가구나 장비를 설명서에 따라 조립하기
- 개인 예산계획을 세우고 한달 간의 모든 지출을 그것에 맞추기
- 개인 소유목록을 만들고 그것을 개인금고에 넣기
- 서류나 통신문을 서류분류 시스템을 이용하여 정리하기
- 책상 서랍이나 장롱 서랍을 정리하기
- 레코드판이나 디스크, 사진 혹은 다른 수집품을 정리하기
- 은행이나 신용카드의 명세서 또는 월간 청구서에서 잘못된 점을 찾아내기
- 하루종일 시간을 정확하게 지키기, 시간 관리에 관한 책을 읽고 그 책에서 이야기하는 충고를 따르고, 마지막 세부사항까지 지키기
- 어떻게 제품이 만들어지는지 알아보기 위하여 제조 공장을 견학하기

람은 계획에 충실한 한편, 다른 사람이 그렇지 않을 때 안달을 한다. 이것이 시간개념이 전혀 없는 D사분면 사고자와 갈등을 일으키게 되는 원인이 된다.

[표 4-4]는 B사분면 사고를 연습하기 위한 활동의 예이다.

다. 대인관계와 관련된 사고를 하는 C사분면의 특징

C사분면 사고는 감각적이고, 생리적으로 감성적이며, 감정적이고, 사람지향적이며, 상징적이다. 이 사분면 사고는 느낌 인지와 신체 감각, 정신적인 가치, 음악, 팀워크, 양육, 대인관계, 의사소통 등을 다룬다. 간호원, 사회사업가, 교육자, 조련사, 어린 아기의 엄마 등은 일반적으로 HBDI 특성도표에서 강한 C사분면 우성을 나타낸다. C사분면 문화는 인간적이고, 협동적이며 정신적이다. C사분면 우성을 가진 사람들은 느낌지향적이고 가치주도형이다. 사회개혁가 마하트마 간디(Mahatma Gandhi)나 중국의 철학자 노자와 마틴 루터 킹 목사(Martin Luther King, Jr.), 다이아나 황태자비(Princess Diana) 등이 C사분면이 강한 사람의 대표적인 예이다.

C사분면 사고를 선호하는 사람들은 학교 과목에서 사회과학, 음악, 춤, 고난도 기술의 스포츠 과목을 선호한다. 그들은 홀로 일하는 것보다는 그룹 활동에 참가한다. 따라서 그들이 가장 편하게 느끼는 사고 유형이 이러하기 때문에 전형적인 공학수업

에서는 흥미를 느끼지 못한다. 비록 음악가나 작곡가가 악보를 분석하고 연주를 평가할 때는 A사분면 사고와 관계가 있지만, 음악가, 교사, 간호원, 상담가, 사회사업가가 일반적으로 C사분면 사고에 강한 선호도를 갖는다. C사분면 사고가 우성인 사람은 '가족' '팀', '개인의 성장', '가치'에 대하여 이야기한다. 진부하게 표현하면 그들은 '뜨거운 가슴'을 가진 사람, '부드러운' 사람 또는 '이야기꾼'으로 보여진다. [표 4-5]에는 C사분면 사고자들이 선호하는 학습활동이 열거되어 있다. [표 4-6]은 C사분면 사고를 연습하기 위한 활동의 예이다.

라. 상상력이 풍부한 사고인 D사분면의 특징

D사분면 사고는 시각적, 총체적, 혁신적, 은유적, 창의적이고, 상상력이 풍부하며, 통합적, 개념적, 공간적이고, 유연하며 직관적이다. D사분면 사고는 미래와 가능성, 종합, 놀이, 꿈, 예견, 전략적 계획, 넓은 문맥, 사업가 기질, 변화와 혁신을 다룬다. D사분면 문화는 탐험적, 사업적, 미래지향적이다. 그것은 명랑하고, 위험주도형이고 독립적이다.

[표 4-5] C사분면 학습 활동 및 행동(Edward Lumsdaine 외 3인, 2000)

- 다른 사람을 경청하여 영감이나 아이디어를 공유하기
- 스스로 왜?라는 질문을 하고 개인적인 의미를 추구하여 동기를 부여하기
- 책의 서문을 읽어 저자의 목적에 대한 실마리를 얻기
- 촉각, 느낌, 후각, 미각, 청각 등의 감각을 통하여 배우기
- 도구나 물건을 만지고 사용하여 손에 익숙하게 만들기
- 그룹학습이나 그룹토의를 이용하기
- 자세하지는 않지만 느낌이나 정신적 가치를 기억하기 위하여 일지를 간직하기
- 드라마를 제작하기 – 상상이 아닌 감정의 표현에 의한 실제적 행동이 중요함
- 사람 중심적인 실습여행을 하기
- 사람들을 만나고 그 사람들이 어떻게 사는가를 알기 위하여 다른 문화권으로 여행하기
- 배경 음악을 틀어놓고 공부를 하고 기억력을 돕기 위한 방법으로 랩송을 만들기
- 사람 중심적인 사례 연구하기
- 다른 사람의 시각이나 권리를 존중하기 – 물건이 아니라 인간이 중요함
- 다른 사람을 가르치며 배우기
- 바디 랭귀지에 대한 실마리를 얻기 위하여 비디오나 오디오 선호하기

[표 4-6] C사분면 사고를 연습하기 위한 활동(Edward Lumsdaine 외 3인, 2000)

- 대화에 있어서 대부분의 시간을 다른 사람의 이야기를 경청하는 것에 사용하기
- 실외의 새로운 연습활동이나 팀 운동에 합류하기
- 꼬마 아이들이 원하는 대로 그들과 놀이를 같이 하기
- 다른 사람이 독자를 위하여 무엇을 해주었는가를 생각하고 감사를 전할 방법을 찾기
- 자기가 속한 사회에서 자원자가 되어라: 지역 애완동물 보호소, 양로원, 후견인, 독서나 학습 프로그램, 소년단, 어린이 경기, 환경 감시 단체, 불우이웃 돕기 활동 등
- 정신세계를 탐험하기. 종교 활동에서 활동적이 되기
- 성가대나 남성 4중창단에 합류하기. 노래를 작곡하고 그것을 불러줄 사람을 찾기
- 전혀 맛보지 못했던 과일이나 채소를 맛보고 허브를 기르기
- 꽃을 기르기. 향기로운 부케를 만들어 외로운 사람에게 주기
- 특별한 방 분위기를 연출하기 위하여 예술품이나 색깔의 변화와 액세서리를 이용하기
- 어떻게 의사소통하는가와 감정 표현을 원활하게 표현하기 위한 세미나에 참석하기
- 식구들의 음식을 만느는 데 시간을 내기. 특별한 축하를 하기 위한 감동적인 이유를 생각해 내기
- 악기를 '신나게' 연주하고 새로운 스타일의 음악을 즐기는 법을 배우기
- 부끄러움이나 죄의식 없이 눈물 흘리는 것을 인정하기
- 직접 혹은 이메일을 통하여 친구와 함께 하는 것을 배우기. 어떤 화제거리에 대하여 감정을 공유하기

화가 파블로 피카소(Pablo Picasso), 르네상스 시대의 화가 · 조각가 · 건축가 · 과학자인 레오나르도 다 빈치, 물리학자 알버트 아인슈타인(Albert Einstein), 비행탐험가 아멜리아 에어하트(Amelia Earhart)가 D사분면 사고자의 대표적인 예이다.

D사분면 사고를 선호하는 사람들은 그림이나 조각 같은 예술 과목뿐만 아니라 기하학, 설계, 시, 건축 과목을 좋아한다. D사분면 학생들은 예술과 공학분야 직업에서의 발명적인 요소에 매력을 느낀다. 사업가, 탐험가, 예술가, 극작가는 D사분면 사고를 강하게 선호하며 또한 의학, 물리학, 공학의 연구와 개발에 관계된 과학자도 그럴 수 있다. D사분면 사고를 선호하는 사람은 '아이디어 갖고 놀기', '큰 그림', '첨단', '혁신'에 대하여 이야기한다. 그들은 '구름 잡는 이야기'를 하며 '훈련되지 않고', '비현실적인 몽상가' 처럼 이야기한다. D사분면 우성인 사람이 선호하는 학습 활동이 [표 4-7]에 열거되어 있다.

[표 4-7] D사분면 학습 활동 및 행동(Edward Lumsdaine 외 3인, 2000)

- 새로운 주제에 대하여 자세한 것 대신에 큰 그림이나 문맥을 찾기
- 학습을 좀더 흥미롭게 만들기 위하여 활동적이 되어 주도권을 잡기
- 시뮬레이션을 하고 만약의 상황에 대한 결과를 질문하기
- 강의에서 시각자료를 이용한다. 학습에 있어서 말보다는 그림을 선호하기
- 정답 없는 문제를 다루며 여러 가지 가능한 답을 찾아내기
- 문제의 멋과 가치를 알고 답의 우아함을 알기
- 브레인스토밍 회의를 이끌어나가기 – 팀이 중요한 것이 아니라 엉뚱한 아이디어가 중요함
- 모험을 하고 새로운 지역을 탐험하기 위하여 다른 문화권을 여행하기
- 경향을 생각하기
- 미래를 생각하고 장기적인 목표를 세우기
- 사실이나 논리보다는 직관에 의존하여 답을 찾기
- 새로운 것에 접근하기 위하여 아이디어나 정보를 결합하기
- 미래지향적 논의를 하기
- 재미로 어떤 것을 하는 데 있어 다른 방법(절차가 아니라)을 시도하기

D사분면 사고 선호도를 강하게 갖는 많은 사람들은 그들의 용기를 잃게 해온 교육 시스템이 행한 모든 것에도 불구하고 살아남아 왔다. 그들은 다르고, 이상하고, 기괴하고 심지어는 미친 것 같은 이방인에 대한 갈망을 갖고 있다. 자기 방어에 있어서 그들은 시비조의 태도를 개발하거나 독립적인 것을 즐기는 것을 배웠을 수도 있다. 그들은 자기 동기적이고 한 팀으로 구성하는 것을 종종 어렵게 만드는 사람이 된다. D사분면 사고가 매우 강한 사람은 좌뇌가 발달한 그룹의 구성원 사이의 종족간 유대와 언어를 이해하지 못할 수도 있지만 창의적 아이디어가 이해되고 장려되는 환경에서는 성공할 수 있다. [표 4-8]은 D사분면 사고를 연습하기 위한 활동의 예이다.

4.4 다중우성(총뇌) 사고와 학습

지금까지 4가지로 구별되는 '인지 방법'의 특징을 보았다. 그러나 단지 7%의 사람이 한 영역에서 우성을 갖고 있으며, 약 60%가 두 영역 우성을 갖고 있고, 30%가 세 영역 우성을 갖고 있으며, 약 3%는 네 영역에서 모두 우성을 갖고 있다. 각 개인

[표 4-8] D사분면 사고 연습을 위한 활동(Edward Lumsdaine 외 3인, 2000)

- 어떤 문제나 이슈에 대하여 국부적이 아닌 큰 윤곽을 보기
- 어떤 경향에 대하여 연구하고 적어도 세 가지 이상의 미래의 발전 방향에 대하여 예견하기
- '만약 ~라면 어떻게 될까'라는 질문을 하고 '다른 많은 답을 준비하기
- 독자가 몽상하는 것을 허락하기
- 독자가 학습하는 것을 기억하기 위하여 스케치하기
- 로고를 만들거나 홈페이지를 만들기
- 독자적 혹은 그룹 브레인스토밍이 필요한 문제를 풀기. 그리고 20가지의 가능한 답을 찾아내기
- 디자인, 빌딩, 도구의 아름다움을 감상하기
- 집짓기 완구(Tinker Toys)나, 레고를 갖고 놀기. 그것을 이용하여 유용한 것을 만들어내기
- 연을 디자인하고 만들기. 연을 날리기
- 창작동화 구연대회에 참석하기. 전래동요나 신화에 대한 책을 읽기. 역할분담 게임에 참가하기
- 테마 만찬에서 미식가를 위한 음식을 만들기. 테이블을 창의적으로 장식하기
- 죄책감 없이 아무 장소나 산책하거나 드라이브하기
- 비용 걱정하지 않고 2,000장의 사진을 찍기. 별난 사진을 찍기
- 2000년, 2020년, 2040년의 자신의 모습을 상상하기
- 점토나 물감을 가지고 놀기. 예술 수업을 듣기

은 독특한 사고선호도의 결합 특성을 갖고 있다. 두뇌를 운동선수들의 팀에 비유해 보아라. 당신은 특정한 일에 전문 선수를 배치한다. 즉 한 명, 두 명 혹은 세 명 이상의 스타 플레이어를 배치한다. 그러나 더 잘 하기 위해서는 팀 전체가 필요하다. 두 영역 우성인 유명인의 예(허만에 의함)는 다음과 같다.

- A+B : 아리스토텔레스(Aristotle), 헨리 포드(Henry Ford), 마거릿 대처(Margaret Thatcher)
- B+C : 수잔 안소니(Susan B. Anthony), 테레사 수녀(Mother Theresa), 레흐 발레사(Lech Walesa)
- C+D : 셰익스피어(Shakespeare), 엘리너 루스벨트(Eleanor Roosevelt), 짐 헨슨(Jim Henson), 모차르트(Mozart)
- D+A : 갈릴레오(Galileo), 퀴리 부인(Madame Curie), 조지 버나드 쇼(George Bernhard Shaw)
- B+D : 사담 후세인(Sadam Hussein)

균형적 또는 총뇌 사고선호도를 가진 사람의 예로는 벤자민 프랭클린(Benjamin Franklin), 세바스찬 바흐(Sebastian Bach), 윈스턴 처칠(Winston Churchil), 토마스 제퍼슨(Thomas Jefferson), 알버트 슈바이처(Albert Schuweizer), 스팅 불(Sitting Bull) 추장 등이 있다.

허만은 어느 특성 도표도 다른 것에 비하여 더 중요하거나 더 가치가 있지 않다는 것을 발견하였다. 사람들은 활동과 직업에서 요구되는 것이 사고선호도와 일치할 때 일을 더 잘 하고 행복감을 느낀다. 그렇지 않으면 좌절이 크고, 너무 많은 노력이 필요하게 될 것이다.

4.5 총뇌 접근법을 필요로 하는 공학 설계

특이한 특성 도표를 가진 공과 대학생들은 자주 전공을 다른 분야로 바꾸어야 할까를 고민한다. 비록 보통의 엔지니어는 A사분면 우성 특성 도표를 갖지만 세계 시장에서 성공하고자 하는 회사는 점점 더 강한 D사분면 우성(개혁적, 전략적)이나 C사분면 우성(의사소통과 팀웍)을 갖는 사람을 찾는다. B사분면 엔지니어는 경영, 안정성과 품질관리쪽으로 이끌릴 수 있다. D사분면 엔지니어는 사업가나 발명가 혹은 개념 설계자가 될 수 있다. C사분면 엔지니어는 판매, 교육과 훈련, 기술적이지 않은 청중을 위한 기술지침서 작성, 고객관리, 사용자에게 친숙하고 환경 친화적인 제품, 국제관계나 정치에, 그리고 '다른' 엔지니어에게 열려 있는 많은 기회의 실례를 보여주기 위하여 필요하다.

공학 설계는 총뇌 접근 방식을 필요로 한다. 이것은 두 가지 의미를 갖는다. 첫째, 모든 엔지니어는 네 가지 영역에 모두 숙달되어야 한다. 다시 말하면, 주어진 작업 - 분석자, 관리자, 협동자, 종합자 - 에 대하여 네 가지 서로 다른 모자를 쓸 수 있어야 한다. 둘째, 의도적으로 다른 사고자들로 이루어진 총뇌 복합 전공의 팀을 구성해야 한다. 이런 팀은 구성원 각자가 다른 사고에 의하여 팀에게 가져오는 이득을 인정할 때 더 생산적이다.

A 분석자

- 수학적 모델의 응용
- 사양의 계산
- 다른 선택 가능한 조건과 비교
- 결과에 있어서 이익과 비용의 계산
- 통계적 정보로부터 추론
- 물리적 수학적 유사
- 개념적 설계의 최적화 및 평가
- 합리적 분석적 접근 방법의 공식화
- 정량적 결과의 도출
- 수학 모델로부터 예견
- 결과의 평가에 있어서 판단 기준의 정량화
- 예비 공학적 분석의 수행
- 수학 방정식을 풀기
- 의견과 사실의 분리
- 논리적 결론에서 원리와 자료의 추출
- 임의의 변수로부터 가설을 검증하기
- 컴퓨터 프로그램 작성하기
- 프로젝트 계획서나 기술적 보고서를 작성하기

합성가 D

- 엉뚱한 아이디어의 브레인스토밍
- 디자인 문제에 있어서 새로운 접근 방법을 생각해 내기
- 기발한 상상력에 의한 작업환경 꾸미기
- 시스템 특성에 대한 새로운 모델을 만들기
- 프로젝트나 목표에 있어서 은유적 표현을 개발하기
- 여러 개의 가능한 디자인 대안을 개발하기
- 현장 실습으로부터 해답을 찾아내기
- 새로운 형태로 문제를 정형화하기
- 혁신적인 해결 방안으로 팀을 이끌기
- 전체를 보아 비전을 가지고 이끌기
- 고정관념의 틀을 뛰어넘는 혁신적인 아이디어를 찾아내기
- 상상력이 풍부한 결과를 내기
- 새로운 관점에서 예전의 문제를 재정의하기
- 개선을 위한 기회를 알아차리기
- 새로운 배열이나 연결을 시각화하기
- 기발한 생각을 혁신적인 개념의 동기로 사용하기
- 가능한 디자인 결과의 스케치하기
- 다른 공학 분야의 결과들을 종합하기

B 관리자

- 설계도에 있어서 실수를 찾아내기
- 규범에 비추어 사양을 검토하기
- 프로젝트의 기록들을 모으고 안전하게 보관하기
- 컴퓨터 프로그램의 잘못을 찾아내기
- 점검표를 만들기
- 계산서나 서류의 초안을 작성하기
- 디자인의 세부 사항을 처리하기
- 디자인 절차를 따르기
- 변경 순서를 정하고 디자인 변경을 따라가기
- 복잡한 프로젝트 계획과 스케줄을 서로 연결하기
- 절차를 최적화하기
- 디자인 프로젝트를 조직하고 시간 계획하기
- 청사진을 만들기
- 제품과 과정 설계의 시간을 맞추기
- 디자인 초안자들을 감독하기
- 디자인 계획이 수행되도록 행동하기
- 프로젝트의 지출을 파악하기
- 소프트웨어를 갱신하고 필요한 교육을 시간 계획하기

협동자 C

- 팀원의 감정에 민감함
- 팀으로서 브레인스토밍함
- 모든 고객들과 효과적인 연대관계를 형성함
- 설계의 각 단계에서 효과적인 의사소통을 함
- 새로운 기술에 대하여 자신 혹은 다른 사람을 계속적으로 교육함
- 흥미를 유발시킴
- 환경친화적인 개념을 개발함
- 새로운 기술에서 동료를 훈련시키고 고무시킴
- 팀워크를 즐김
- 해결 방안을 만들고 이 해결 방안의 응용자를 관련시킴
- 윤리와 가치를 유지함
- 먼저 조사하고 그 다음에 이해함
- 모든 참여자에게 유익한 win-win 해답을 찾아줌
- 해답과 아이디어를 판매함
- 고객의 요구를 알아차림
- 경험과 목표를 공유함
- 설계 문제를 정의함에 있어서 감각과 직관을 사용함
- 타협보다는 시너지 효과가 있는 방향으로 일함

〈그림 4-3〉 총뇌 접근법을 필요로 하는 공학설계(Edward Lumsdaine 외 3인, 2000)

4.6 나의 사고선호도는?

가. 허만의 두뇌우성 분석도구(HBDI)

개인의 사고선호도를 아는 것은 매우 중요하다. HBDI는 우리가 왜 일을 그렇게 하는지 그리고 우리와 다르게 사고하는 사람과의 의사소통에서 무엇 때문에 문제점이 생기는지에 대한 힌트를 얻을 수 있는 유용한 도구이다. 더욱 적절한 총뇌 사고자이며 효과적인 문제 해결자가 되기 위하여 우리는 목표를 설정하고 특별한 기술을 연습하며 우리의 사고 습관의 범위를 확장할 수 있다.

나. 학생들에 따른 학습 유형의 차이

수업에서 단체 활동은 상이한 학습 유형을 가진 학생들이 협동할 때 더욱 유익하다. 여러분들은 아래의 사고선호도 평가로부터 자신의 학습 성향에 대한 기본적인 개념을 얻을 수 있다.

다. 나의 사고선호도 평가

[표 4-1], [표 4-3], [표 4-5], [표 4-7]의 각 학습 선호도에 대해서 자신에게 해당되는 항목에 ○ 표를 한 뒤, 표시된 것들을 합계한 후 비율을 계산하라.

구 분	표시 개수	비율(%)
A사분면		
B사분면		
C사분면		
D사분면		
합계		100%
각 사분면의 평균치 (4로 나눔)		–

자신의 사고선호도를 평가해 보도록 한다. 가장 높은 점수를 받은 사분면이나, 특히 평균점수보다 월등히 높은 점수(35% 이상)의 사분면이 선호도가 가장 강한 영역이다. 계산된 백분율 합계가 100%인지 확인하여라. 학습활동의 네 가지 목록을 모두

확인해서 가장 싫어하는 활동에 밑줄을 그어라. 가장 덜 좋아하는 활동이 있는 영역이 독자가 가장 덜 선호하는 사분면이다. 만약 가장 높은 점수가 그 다음 두 번째나 세 번째에 비하여 차이가 크지 않으면 독자는 다중우성이거나 총뇌 사고자이다.

또한, 계산된 백분율에 따른 등수는 독자가 특별한 노력을 기울여야 할 부분과 독자의 팀에 기여할 수 있는 특별한 능력이나 관심 분야를 나타낸다.

자신의 사고선호도의 평가를 위해 다음의 몇 가지 제시된 예를 참고하도록 한다.

첫 번째 예는, ○표시한 개수가 A=12, B=3, C=7, D=8, 합계 30인 경우이다.

이런 경우, 백분율은 A=40%, B=10%, C=23%, D=27%이고, 사분면 평균은 7.5이다. 이 결과를 보면 이 학생은 분석적인 학습자로 간주될 수 있다 이 학생은 B, C, D에 높은 선호도를 가진 학생들과 팀을 이루어야 한다.

두 번째 예는, ○표시한 개수가 A=6, B=7, C=2, D=5, 합계 20인 경우이다.

이 경우에 백분율은 A=30%, B=35%, C=10%, D=25%이고, 사분면 평균은 5이다. 이 결과를 보면 이 학생은 C사분면이 낮은 다중우성 학습자로 간주될 수 있다. 이 점수는 선호사분면을 결정할 만큼 충분하게 퍼져 있지 않다.

끝으로, ○표시한 개수가 A=3, B=1, C=3, D=2, 합계 9개인 경우이다. 이 경우는 데이터의 개수가 작기 때문에 학습 선호도에 대하여 신뢰성 있는 결론을 내릴 수가 없다.

창의적 문제 해결 행동 유형

Chapter 5

5.1 창의적 문제 해결 행동 유형의 개요

창의적인 문제 해결을 위해서는 두 가지 측면에서 학습이 진행될 수 있다. 하나는 '창의력의 수준/능력'을 개발하는 것이고, 다른 하나는 자신, 팀, 조직이 가지고 있는 창의와 혁신의 '일 처리 스타일'을 확인하고 그것을 최대로 활용하는 것이다.

이와 같이 창의적이고 혁신적인 사람에 대해서도 두 가지 측면에서 설명할 수 있다. 창의력의 수준을 말하는 "얼마만큼 창의적인가?"와 창의력의 유형(style)을 말하는 "어떻게 창의적인가?"이다.

Osborn의 CPS(Creative Problem Solving) 회장 그룹의 Selby, Treffinger & Isaksen 박사(Center for Creative Learning, USA)는 창의적 문제 해결 행동 유형을 3개의 차원으로 분류하여 6개의 행동 유형으로 구분하였다.

(창의력의) 수준 - 나는 얼마만큼 창의적인가?

(창의력의) 유형 - 나는 어떻게 창의적인가?

〈그림 5-1〉 창의력의 수준과 유형(김영채, 2006)

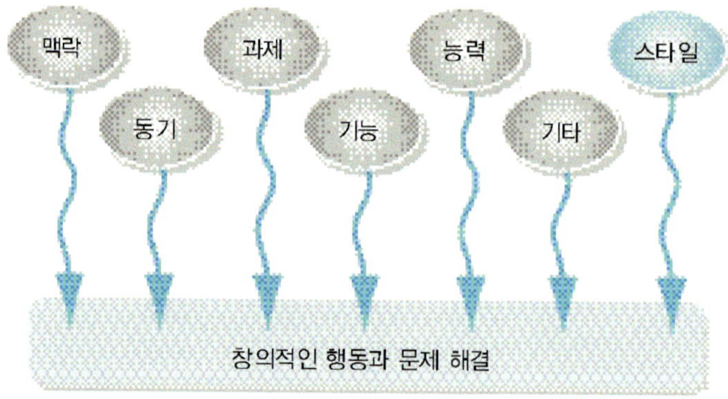

〈그림 5-2〉 창의적 행동과 문제 해결에 작용하는 요인들(http://www.fpsp.or.kr)

이러한 창의적 문제 해결 행동 유형은 개인, 팀워크 및 조직 프로젝트의 효율성과 생산성을 크게 결정한다. 창의적 문제 해결 행동 유형이란 도전적인 문제를 해결하거나 새로운 변화에 접근할 때 당신이 보다 더 좋아하는 접근 방식을 말한다. 개인들은 문제를 정의하고, 아이디어를 생성하고 그리고 의사결정하는 방식이 서로가 많이 다를 수 있다. 행동 스타일의 개인차는 개인뿐만 아니라 팀워크나 조직 프로젝트의 효율성과 생산성을 결정하는 중요한 변수이다.

이 장에서는 그 사람은 어떻게 창의적인가에 대한 대답인 창의력의 유형, 즉 창의적 문제 해결 스타일에 대해 살펴보고자 한다. 이 장의 학습 내용을 통하여 자신의 창의적 문제 해결 스타일을 알고 그러한 스타일이 왜 중요한지를 이해하며, 변화에 대처하고 문제를 해결할 때 사람들이 서로 다를 수 있는 3가지의 주요 영역을 확인한다. 나아가 각 스타일 차원 별로 서로 대조되는 두 개의 행동 스타일을 확인하고, 당신 자신이 더 좋아하는 창의적 문제 해결 스타일을 알고 해석할 수 있으며, 창의적인 노력을 할 때 자신의 문제 해결 스타일이 어떤 의미를 가지는지를 생각해 보게 한다. 그리고 사람들 간의 스타일 개인차를 존중하고, 나아가 최대로 생산적인 팀과 조직을 만드는데 그것을 활용할 수 있게 한다.

5.2 창의적 문제 해결 행동 유형

사람은 '변화'가 요구되거나 '창의적인 아이디어'가 필요한 상황에서 자신이 선호하는(자연스러워하는) 일 처리의 스타일을 지니고 있다. 일 처리의 과정에는 다음과 같은 3개의 과정 요소가 포함될 수 있다.

첫째, 문제를 발견/확인하는 단계로서, 문제, 과제, 프로젝트, 이슈를 찾아낸다.

둘째, 문제 해결을 위한 아이디어의 생성 단계로서, 문제 해결을 위한 아이디어를 생성해 낸다.

셋째, 문제 해결에 대한 행위 계획을 개발하는 단계로서, 아이디어를 해결책으로 개발하고 실천 계획을 세운다.

Selby, Treffinger & Isaksen는 위의 과정에서 일어나는 창의적 문제 해결 행동 유형을 3개의 차원으로 구분하여 6개의 스타일로 구분하였다. 3개의 차원으로는 변화에 대한 지향(OC), 일 처리의 방식(MP), 의사결정의 중심(WD)이며, 6개의 행동 유형은 혁신 스타일, 개량 스타일, 외적 처리 스타일, 내적 처리 스타일, 사람 중심 스타일, 과제 중심 스타일이다.

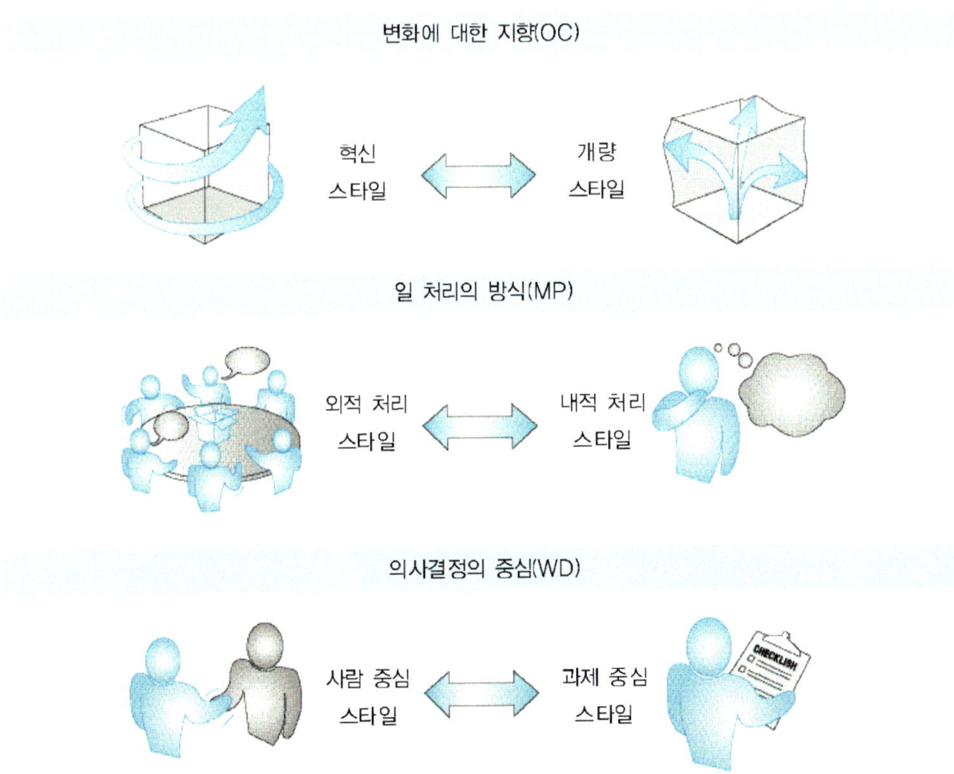

〈그림 5-3〉 창의적 문제 해결 행동 유형(http://www.fpsp.or.kr/)

가. 혁신 스타일과 개량 스타일

이 스타일은 '변화에 대한 지향(OC)'의 차원에서 구분된 것으로 문제를 해결해 가거나 변화에 대처할 때 구조, 권위 및 새로운 것에 대하여 어떻게 반응하고 경영하기를 더 좋아하는지를 나타낸다.

다음과 같은 질문에 대해 생각해 봄으로써 자신이 변화에 대한 지향에 대해서 혁신 스타일인지 개량 스타일인지를 구분할 수 있다.

- 나는 권위, 질서 및 규범을 어떻게 다루기를 더 좋아하는가?
- 나는 제도, 조직 및 구조에 대하여 어떤 기분으로 반응하는가?
- 나는 새로운 도전이나 변화에 대하여 어떻게 반응하기를 선호하는가?

이 차원은 문제를 해결하거나 변화에 대처할 때 "구조, 권위 및 새로운 것"에 어떻게 반응하고 접근하기를 더 좋아하는지를 보여준다. 여기에는 '혁신 스타일(E, Explorer)'과 '개량 스타일(D, Developer)'의 두 가지 대조적인 스타일이 있다.

혁신 스타일은 선구자적인 방향으로 탐색하기를 선호하고 세부 사항, 질서와 효율성 같은 데는 별로 관심이 없다. 그리고 현실의 실제적인 한계를 뛰어넘는 많은 새로운 아이디어를 생성해 내기를 좋아하고 대안의 생성이 자유분방하며 남들이 수용하거나 사용하기 어려운 도전적이고 독창적인 아이디어를 생각해 낸다.

반면에 개량 스타일은 아이디어를 수렴하고 정리하는 활동에 강하고 현실의 문제를 해결해 갈 때 자세하고 체계적인 접근을 더 좋아한다. 실제 장면에서 실현 가능한 몇 가지의 해결책을 찾으려고 애쓰며 남들이 쉽게 수용할 수 있고 실천하기 쉬운 대안을 더 선호한다.

나. 외적 처리 스타일과 내적 처리 스타일

이 스타일은 '일 처리의 방식(MP)'의 차원에서 구분된 것으로 문제를 해결하거나 변화에 대처할 때 자기 자신이나 남들의 내적 에너지 및 인적 자원을 어떻게 사용하기를 더 좋아하는지를 나타낸다.

다음과 같은 질문에 대해 생각해 봄으로써 자신이 일 처리의 방식에 대해서 외적 처리 스타일인지 내적 처리 스타일인지를 구분할 수 있다.

- 나는 정보를 어떻게 관리하기를 더 좋아하는가?

- 나는 언제 내 생각을 남들에게 이야기하는가?
- 나는 남들과 토론하고 상호작용하기를 원하는가?

이 차원은 자신이나 남들의 내적인 에너지, 인적자원 및 환경을 언제, 어떻게 사용하기를 더 좋아하는지를 다룬다. 아울러 변화에 대처하거나 문제를 해결할 때 정보를 어떤 방식으로 처리하기를 좋아하는지를 보여준다. 당신은 '외적 처리 스타일(E, External)'을 더 좋아할 수도 있고, 반대로 '내적 처리 스타일(I, Internal)'을 더 좋

[표 5-1] 혁신 스타일과 개량 스타일의 특징 및 강점과 약점(김영채, 2006, 재구성)

구분	혁신 스타일(Explorer)	개량 스타일(Developer)
특징	· 일을 색다르게 하려고 함 · 구조(조직)는 자신을 위축/구속시키는 것으로 여김 · 주어져 있는 문제의 정의에 도전 · 권위에 도전하고, 규칙을 가볍게 생각 · 예리하고 자유분방한 사람으로 보임 · 독창적이고 독특한 것을 강조	· 일을 '더 낫게' 하려고 애씀 · 조직이 가지고 있는 장점과 잠재력을 찾아냄 · 주어져 있는 그대로 문제의 정의를 수용 · 주어져 있는 규칙 속에서 일함 · 더 낫게 개선하는 것과 유용성을 강조 · 정확하고, 철저하고, 믿을 수 있는 사람으로 보임
강점	· 하던 대로의 전통에서 벗어날 수 있게 함 · 획기적인 대안을 생각해 보게 함 · 예상하지 못했던 접근이나 새로운 방식을 제시 · '큰 그림'을 그리며 남들이 그것을 이해토록 함 · '왜'라는 질문을 자주 함 · 새롭고 신선한 기회를 가질 수 있게 함	· 안정, 질서 및 연속성을 가질 수 있게 함 · 이해하고 실천하기 쉬운 대안을 생성 · 단계적인 접근을 취함으로써 하는 일을 이해하고, 실천하고, 협력하기 쉽도록 함 · 대안과 계획이 정확, 엄밀 및 철저함을 가지게 함 · '어떻게'라는 질문을 자주 함 · 위험 부담이 큰 것에 대해서도 안전 기반을 가질 수 있게 함
약점 (한계)	· 개량 스타일의 눈에는 건전하지 못하고, 비현실적이고, 말썽꾼으로 보임 · 현실을 인식하고 그것을 제대로 다루지 못함 · 세부적인 내용을 살펴보고 작업하도록 도전하게 할 필요가 있음 · 권위와 전통이 가지고 있는 가치를 제대로 고려하지도 않고 거기에 도전 · 사용할 수 있을 것 같지도 않은 대안을 너무 많이 생산해 내서 사람들을 압도할 수 있음	· 혁신 스타일의 눈에는 고지식하고, 겁이 많고, 경직되어 있고, 융통성이 없는 것으로 보임 · 바라는 미래를 내다 보고 그것을 고려하기가 어려움 · 현실을 넘어서서 가치 있는 아이디어를 찾아보도록 도전하게 할 필요가 있음 · 구조, 권위 및 규칙은 어디까지나 방법인 데도 그것을 목적으로 생각하기가 쉬움 · 별로 새롭지도 않고 해오던 것과 크게 다른 것 같지 않은 대안을 생산해 내는데 집중함

아할 수도 있다.

외적 처리 스타일은 다른 사람들과 상호작용하면서 가능성을 토론하고, 다른 사람의 생각을 들으면서 자신의 생각을 다듬어 가는 것을 좋아한다. 그리고 아이디어를 곧바로 행위로 옮기고 싶어 한다.

반면에 내적 처리 스타일은 조용히 생각하는 시간을 즐기고 아이디어를 면밀하게 검토한 다음에 비로소 남에게 이야기하거나 행위하고 싶어 한다.

[표 5-2] 외적 처리 스타일과 내적 처리 스타일의 특징 및 강점과 약점(김영채, 2006, 재구성)

구분	외적 처리 스타일(External)	내적 처리 스타일(Internal)
특징	· 여러 가지의 과제와 토론에 관여 · 남들과 상호작용하면 생기가 느껴짐 · 다양한 사람들과 자유롭게 대안을 이야기 · 종결하기 전에 사람들의 다양한 의견을 들으려고 애씀 · 때로는 깊이 생각하지도 않고 서둘러 행동	· 조용한 시간을 가지고 집중하는 것을 좋아함 · 깊이 생각하고 반성할 때 생기가 느껴짐 · 대안을 철저하게 생각한 다음에 그것을 남들에게 이야기 · 신뢰할 수 있는 사람에게만 대안을 이야기 · 행위하기 전에 생각하며, 때로는 생각만하고 행위는 하지 않을 수도 있음
강점	· 외부 집단 등의 맥락을 살펴보고 거기에서 다양한 견해와 정보를 찾음 · 일이 굴러갈 수 있도록 사회적인 접촉을 함 · 빠르게 행위하고 반응 · 남들과 같이 일하는 것을 즐김 · 남들에게 먼저 접촉을 시작 · 내적 스타일 사람의 말문을 열도록 하는데 도움	· 집단이 집중하고 있는 과제를 깊게 들여다 봄 · 남에게 이야기하기 전에 새로운 아이디어를 다듬고 완성 · 깊이 생각하고 숙고 · 혼자 또는 신뢰하는 소수의 사람과 같이 일하는 것을 즐김 · 외적인 압력에서 벗어나려고 애씀 · 외적 스타일 사람이 자세한 내용을 경청토록 하는데 도움
약점(한계)	· 내적 처리자의 눈에는 '익지도 아니한 빵'을 너무 서둘러 나누려는 사람으로 보임 · 행위하기 전에 숙고하는 것이 어려움 · 남들의 아이디어나 의견에 조심스럽게 경청토록 도전하게 할 필요가 있음 · 주위에서 돌아가고 있는 일에 몰두하여 과제 내적으로 중요한 것을 잊어 버리기 쉬움 · 외적 처리자의 눈에는 속내를 잘 드러내지 않고, 비사교적이고, 차갑고 냉담한 사람으로 보임	· 깊게 생각할 수 있는 시간을 적당히 가지기 전에는 행위하기가 어려움 · '마무리 되지 아니한' 아이디어나 생각이라도 남들과 나누어 보도록 도전하게 할 필요가 있음 · 과제나 내부에서 벌어지고 있는 일에 몰두하여 주변에서 돌아가고 있는 것을 간과해 버리기 쉬움

다. 사람 중심 스타일과 과제 중심 스타일

이 스타일은 '의사결정의 중심(WD)'의 차원에서 구분된 것으로, 생각을 집중하여 어떤 결정을 내리거나 행위하려고 할 때 과제와 성과를 강조하는지, 아니면 대인

[표 5-3] 사람 중심 스타일과 과제 중심 스타일의 특징 및 강점과 약점(김영채, 2006, 재구성)

구분	사람 중심 스타일(Person)	과제 중심 스타일(Task)
특징	· 조화와 긍정적인 인간관계를 중요시 · 인간적이고, 감정에 민감 · 보다 주관적인 준거(기준)를 사용 · 결정이 개인들에게 미칠 수 있는 효과나 반응을 고려 · 대안이 어떤 점에서 좋고, 매력적이고 또는 즐거운 것인지를 찾아냄 · 관여하고 있는 모든 사람들이 수용할 수 있는 대안이나 결정을 찾으려고 애씀 · 성과나 결과의 질보다는 사람들이 느끼는 감정을 더 강조	· 논리적이고 합리적인 것에 초점을 둠 · 권위적이고, 확인 가능하고, 보다 객관적인 준거(기준)를 사용 · 표준, 엄정 또는 질적인 수준을 강조 · 대안에서 무엇이 잘못이며, 무엇이 부족하며 또는 필요한 것은 무엇인지를 발견 · 최선의 해결책 또는 성과를 추구 · 사람들이 느끼는 감정보다도 성과와 결과의 질적 수준을 더 강조
강점	· 관련되어 있는 사람들의 요구에 집단이 민감토록 함 · 의사결정이 사람들의 감정과 정서에 미치는 효과를 이해하도록 도와줌 · 결정을 내리기에 앞서 사람들이 편안한 감정을 가지도록 노력 · 집단의 갈등과 긴장 관계를 완화시켜 줌 · 의사결정할 때 주관적이고, 부드러운 준거를 보다 강조 · 새로운 사고를 보다 긍정적으로 고려하는 것 같이 보이며, 긍정적인 피느백을 잘 함	· 집단이 합리적이고 분명한 사고를 하도록 함 · 의사결정이 미칠 의미와 성과를 논리적이고 합리적으로 이해하도록 도와줌 · 해야 할 과제를 성취할 수 있도록 집단을 이끌어 감 · 꺼내기 어려운 이슈라도 공개적으로 세기 · 의사결정을 할 때 보다 객관적이고, 엄밀한 준거를 강조 · 새로운 사고에서 개선해야 할 필요가 있는 영역에 집중토록 하며, 주로 단점(약점)을 피느백
약점 (한계)	· 자신의(그리고 남들의) 개인적인 선호도가 선택에 영향을 미침 · 사람에 너무 집중해서 결과를 성취코자 하는 요구를 무시해 버릴 수 있음 · 새로운 아이디어가 가지고 있는 부정적인 측면을 살펴보거나, 그것을 같이 걱정하는 것을 회피 · 자기 자신과 과제를 분리할 줄 모르는 사람으로 비칠 수 있음	· 사람에 무관심하거나 사람들이 느끼는 감정에 둔감한 것 같이 보임 · 과제의 결과에 너무 집착해서 사람과 과정의 이슈를 무시해 버릴 수 있음 · 새로운 아이디어를 낸 사람의 의욕을 꺾어 버릴 정도로 비판적인 분석을 함 · 결정에 대한 인간적인 배려가 부족해서 남들이 자신의 열성을 몰라 볼 수 있음

관계적인 요구를 강조하는지를 나타낸다.

다음과 같은 질문에 대해 생각해 봄으로써 자신이 의사결정의 중심에 대해서 사람 중심 스타일인지 과제 중심 스타일인지를 구분할 수 있다.

- 나는 판단하거나 의사결정할 때 어떤 요인들을 우선하여 고려하는가?
- 나는 일차적으로 중요시하는 것이 '과제' 인가? '사람' 인가?

이 차원은 문제 해결을 위하여 의사결정/판단을 하거나 생각을 수렴할 때 처리해야 하는 과제와 인간적 요구 가운데 어떤 것을 일차적으로 강조하는지를 나타낸다. 의사결정할 때 당신이 선호하여 강조하는 것은 '사람 중심 스타일(P, Person)' 아니면 '과제 중심 스타일(T, Task)' 이다.

사람 중심 스타일은 대안을 선택하거나 의사결정할 때 다른 사람들이 느낄 수 있는 반응과 인간관계에 미치는 영향에 가장 큰 무게를 둔다.

반면에 과제 중심 스타일은 논리적이고, 객관적으로 정당화 할 수 있는 기준과 질적 수준을 강조하며 의사결정에서 따라올 성과에 가장 큰 무게를 둔다.

5.3 VIEW 스타일 검사

'VIEW 스타일 검사' 는 창의적 문제 해결 행동 유형(style)을 진단하기 위한 도구로서, Osborn의 CPS(Creative Problem Solving) 회장 그룹의 Selby, Treffinger & Isaksen 박사(Center for Creative Learning, USA)가 개발하였다. 2002년에 영어판으로 첫 출판되었으며, 현재는 영어판 이외에도 불어판, 네덜란드판, 중국판, 한국어판 등이 보급되어 있고, 일본판, 홍콩판, 대만판 및 인도판 등이 개발 중이다.

이 도구는 사내 연수, 팀 빌딩 및 팀 선발 등의 목적으로 IBM, 마이크로소프트, 모토로라, 3M 등 미주와 유럽의 수많은 기업 및 정부조직 등에서 광범위하게 활용되고 있다.

VIEW의 목적은 일을 처리하고, 문제를 해결하는 스타일(style)을 진단하고, 자신의 창의적인 강점과 약점을 확인하고 이해하며 동시에 남들의 스타일을 존중케 한다. 나아가 새로운 창의와 혁신을 다룰 때 스타일의 시너지 효과를 최대화하기 위함이다.

도전적인 문제를 해결하거나 변화에 대처할 때 자신이 선호하는 행동 스타일을 3

개 차원에 따라 진단하는 VIEW 검사의 결과는 개인적으로 뿐만 아니라 팀/조직의 효율성과 생산성 향상을 위한 필수적인 정보로 활용할 수 있다. 문제 해결의 스타일이 다르면 문제 해결을 위한 '과정'이 다를 수 있으며, 또한 생산해내는 '결과'나 효과적으로 일할 수 있는 '환경'이 다를 수 있기 때문이다.

VIEW 검사 결과의 개인적인 활용에 대해 살펴보면, 자신이 좋아하여 자연스럽게 사용하고 있는 문제 해결 스타일을 자각하고 해석할 수 있으며, 자신이 가지고 있는 창의적 강점을 활용하고 어떻게 하면 약점을 보완할 수 있는지를 알 수 있다. 그리고 다른 사람들의 행동 스타일을 존중할 줄 알고 아울러 협동의 방식을 배우게 된다. 또한 자신이 소속한 팀/조직의 활용에 대해 살펴보면, 팀/조직 성원들이 서로의 개인차와 다양성을 이해하고 존중하게 되고, 모든 팀/조직 성원들이 팀/조직의 과제에 적절하게 공헌할 수 있으며, 팀/조직의 강점은 물론이고 '맹점'이 무엇인지를 확인할 수 있고, 팀 빌딩(team building)에 유용한 정보를 제공해 준다. 나아가 창의력 발휘에 적합한 체제나 구조를 설계할 수 있으며, 효과적인 문제 해결 전략을 수립하거나 혁신경영을 뒷받침할 수 있는 훈련을 의도적으로 계획할 수 있다. 또한 인적자원을 융통성 있게 그리고 효과적으로 사용하는데 활용할 수 있다.

VIEW 검사는 창의력의 '수준'을 측정하는 것이 아니라 창의력의 '스타일'을 측정한다. VIEW 검사는 "나는 어떻게 창의적인가?"라는 물음에 대답한다. "사람들은 다르다"란 말은 새로운 것도 아니고 뉴스감도 아니다. 그러나 우리는 개인차의 진리를 멈추어 생각해 보는 일이 별로 없다. 창의적 사고를 요구하는 과제/프로젝트일수록, 특히 팀워크나 조직 프로젝트에서는 문제 해결 스타일의 개인차를 활용하는 것은 매우 중요할 수밖에 없다. 창의력의 '수준'이 비슷해도 '스타일'이 다르면 문제 해결은 아주 다른 모습일 수 있다.

VIEW 검사는 매우 간단하고 실제적이며 사용하기 쉽게 구성되어 있다. 이 검사에는 34개의 문항이 있으며, 각 문항은 대조적인 스타일을 표현하는 두 개의 진술로 이루어져 있다. 더 좋아하는 접근 방식, 즉 스타일이란 당신이 문제를 해결할 때 일반적으로 취하고 있는 생각과 일처리의 방식을 말한다. 그것은 아마도 당신에게 가장 편안하고 자연스러운 행동 방식일 것이다. 문제 해결 스타일의 측정은 3개 차원으로 이루어져 있고 각기의 차원은 다시 대조적인 두 개의 스타일로 구성되어 있다. 또한 VIEW 검사 결과에는 각 차원에서의 혁신, 개량, 외적 처리, 내적 처리, 사람 중심, 과제 중심 스타일 외에 '온건한 스타일'이란 것이 있다. 온건한(약한) 스타일이란 각 차원에서 평균 점수를 중심으로 좌우로 약 64%에 해당하는 것이다. 이런 범위에 속하는 사람은 대조적인 스타일들을 비교적 쉽게 이해한다. 그러나 과제나 사회적 역할에 따라 실제 행동이 달라질 수 있으며 그래서 실제의 행동은 반드시 '중립적인' 것이 아닐 수 있다.

VIEW 검사는 온라인(on-line)으로만 실시하며 한국에서의 이 검사의 판권은 김영채 교수(계명대학교, 창의력 한국 FPSP)가 가지고 있다. VIEW 검사의 실시와 해석에 관해서는 인터넷 사이트 http://www.fpsp.or.kr/(창의력 한국 FPSP)와 http://viewstyle.net/(VIEW 검사 사이트)를 참고하기 바란다.

5.4 연습 활동

가. 연습 활동 1

1) 당신은 '혁신 스타일'의 사람들이 프로젝트를 수행하는 것을 보면 어떤 생각이 드는가? 일을 어떻게, 어떤 방식으로 할 것 같은가?
2) 당신은 '개량 스타일'의 사람들이 프로젝트를 수행하는 것을 보면 어떤 생각이 드는가? 일을 어떻게, 어떤 방식으로 할 것 같은가?

나. 연습 활동 2

1) '외적 처리 스타일'의 사람이 일 처리하는 모습을 상상해 보라. 그리고 이들의

특징적인 모습을 토의해 보라.

2) '내적 처리 스타일' 의 사람이 일 처리하는 모습을 상상해 보라. 그리고 이들의 특징적인 모습을 토의해 보라.

다. 연습 활동 3

1) '사람 중심 스타일' 의 사람이 일 처리하는 모습을 상상해 보라. 그리고 이들의 특징적인 모습을 토의해 보라.
2) '과제 중심 스타일' 의 사람이 일 처리하는 모습을 상상해 보라. 그리고 이들의 특징적인 모습을 토의해 보라.

라. 연습 활동 4

A씨는 39세이며 대기업 인사과의 과장이다. 능력을 인정받아 승진의 전망도 밝고 연봉도 높다. 그런데 그는 얼마 전부터 친구인 '나노 화장품' 벤처의 사장으로부터 같이 일하자는 제의를 받는다. 당장의 연봉도 현재보다 3배 정도로 많고 벤처가 성공했을 때의 수입은 엄청나 보인다. 사업의 전망이 매우 좋아 보인다. A씨는 친구의 제의를 심각하게 고민하고 있다. A씨는 이 어려운 문제를 해결하기 위하여 무슨 일을 어떻게 할 것 같으며 결론은 어떻게 내릴 것 같은가?

1) 만약 그가 사람 숭심 스타일 이라면?

2) 만약 그가 과제 숭심 스타일 이라면?

마. 연습 활동 5

창의적 문제 해결 유형의 3개 차원은 '변화에 대한 지향', '일 처리의 스타일' 및 '의사결정의 중심'이다. 아래의 질문에 대답하라.

1) 이들 각기에 대하여, 창의적 문제 해결 행동 유형이 함의(시사)하는 바를 한 가지 이상 적어라. 예를 들어, 직장에서 / 가정에서 / 학교에서 / 동아리 등에서 자신의 유형에 대한 '긍정적인 함의'를 먼저한 후, '한계'(약점)에 대한 함의를 하면 된다.
2) 집단 협의를 하거나 팀 활동을 할 때보다 더 생산적으로 기여할 수 있는 방법은 무엇이 있는가?

창의적 사고 개발 기법 I: 발산적 사고

Chapter 6

6.1 창의력이란 무엇인가?

급속한 환경 변화와 예측할 수 없는 문제가 끊임없이 일어나는 미래 사회에 대처할 수 있는 인재 양성을 위해서는 공학 교육에서 창의적으로 사고하는 능력을 개발해야 할 필요가 있다.

창의력이란 매우 복잡한 개념으로 여러 요소들의 복합적인 작용으로 나타난다. 많은 연구들에 의하면 창의력을 주로 확산적, 독창적 사고의 요소들을 포함하는 지적인 능력의 일부분으로 보는 경향이 있는가 하면, 특수한 인성적 특성으로 보는 경향이 있고, 문제 해결 능력의 한 형태로 보기도 한다. 그러나 최근에 창의력에 대한 정의는 Lubart(1994)의 "새로우면서도 유용한 산출물을 생성해낼 수 있는 능력"으로 합의가 이루어지고 있다고 볼 수 있다(정현철 등, 2002; 조연순, 2001).

Guilford(1967)는 창의적 사고의 기저에는 문제에 대한 민감성, 유창성, 독창성, 융통성, 종합력, 분석력, 복합성, 평가력 등과 같은 8개의 요소가 있다고 가정하고 있으며, 이 중에서 특히 유창성, 융통성 및 독창성을 창의적 사고를 결정하는 주 요인으로 강조하고 있다.

또한 Torrance(1976)는 유창성, 융통성, 독창성, 정교성을 창의적 사고의 구성 요소로 보고 창의적 사고 검사(Torrance Tests of Creative Thinking, TTCT)에서 이러한 요소들을 측정하고 있다.

Williams(1980)도 Torrance의 입장을 받아들여 유창성, 융통성, 독창성, 정교성의 네 가지 요인으로 창의적 사고를 설명하고 있다. 이들 요소들은 오늘날 창의적 사고를 그나마 구체적으로 표현할 수 있는 개념 표현 기능을 하며, 아울러 일반적인 창의적 사고를 대변하는 창의적 사고의 요소로 받아들여지고 있다.

Guilford와 Torrance가 제시한 창의적 사고 구성 요소의 개념 및 평가 준거는 [표 6-1]과 같다.

창의적 사고 개발 기법은 크게 발산적 사고(확산적 사고, 생성적 사고 등)와 수렴적 사고(초점적 사고, 비판적 사고 등)로 구분될 수 있으며, 이 두 가지는 자전거의 두 바퀴처럼 상보적으로 이루어져야 한다.

발산적 사고는 유의미하고 새로운 연결을 만들고 표현하는 사고 과정이나 아이디어(대안, 가능성)를 생성해 내는 사고 과정이라고 정의할 수 있으며, 브레인스토밍, 브레인라이팅, 결부법(시네틱스), 스캠퍼, 육색 사고모 기법, 연꽃기법 등이 이에 해당하는 사고 기법이다.

수렴적 사고는 아이디어들을 분석하고, 다듬고, 선택하는 사고 과정이나 아이디어(대안, 가능성)를 선택하거나 개발하는 초점화의 사고 과정이라고 정의할 수 있으며,

[표 6-1] 창의적 사고 구성 요소(Guilford, 1967; Torrance, 1976)

구성 요소		개념 및 평가 준거
Guilford	민감성	다른 사람들이 생각하지 못한 문제를 파악하는 정도
	유창성	아이디어 생성량
	독창성	독특하면서도 새로운 아이디어를 제시하는 정도
	융통성	문제에 대한 다양한 유형의 반응을 보이는 정도
	종합력	아이디어를 보다 포괄적인 형태로 조직하는 것
	분석력	큰 구조를 분할하여 새로운 구조를 만드는 것
	복합성	한 개인이 한 번에 조작할 수 있는 상호 관련된 아이디어의 수
	평가력	새로운 아이디어의 가치를 평가하는 능력
Torrance	유창성	피험자가 생성해 낸 적절한 반응의 수
	융통성	상이한 범주의 사고로 이동한 수
	독창성	평범한 반응에서 동떨어져 있는 정도
	정교성	질문과 가설 내용의 구체성 정도

6장과 7장에서는 창의적 사고 개발 기법인 발산적 사고와 수렴적 사고 기법에 대해 살펴보고자 한다.

6.2 브레인스토밍(brainstorming)

오스본(A. F. Osbom)에 의해 처음 소개되었으며 특정한 주제에 대해 두뇌(brain)에서 폭풍(storming)이 휘몰아치듯이 생각나는 아이디어를 많이 내놓는 것이다.

짧은 시간에 많은 아이디어의 생성이 목적이고 주로 집단 토의에서 사용할 수 있으며, 수업 과정에서 접하게 될 사건에 대하여 가능한 모든 원인을 찾는 데 사용할 수 있다.

가. 브레인스토밍의 4가지 규칙(4S)

브레민스토밍의 4가지 규칙은 비판 금지(Support), 자유분방(Silly), 양산(Speed), 결합과 개선(Synergy)으로 일반적으로 '4S' 라고 부른다([표 6-2] 참조).

나. 브레인스토밍의 진행 방법

브레인스토밍을 진행하기 위한 집단의 크기, 집단 구성, 사회자, 기록자 등에 관한 진행 방법은 다음과 같다.

- 집단의 크기 : 5~12명(5명이 적당, 투표를 위해 홀수가 좋음)
- 집단 구성 : 성별, 나이, 수준 등이 골고루 섞이도록 하여 문제에 대한 폭넓은 시각을 갖고 다양한 아이디어가 산출되도록 한다.

[표 6-2] 브레인 스토밍의 4가지 규칙(4S)

구 분	설 명
비판 금지(Support)	아이디어를 내놓는 동안 어떤 아이디어라도 절대로 비판하거나 평가하지 않는다.
자유분방(Silly)	아이디어가 비현실적이거나 터무니없는 것일지라도 모두 받아들여야 한다.
양산(Speed)	좋은 아이디어를 얻기 위해서는 가능한 한 많은 아이디어가 요구된다.
결합과 개선(Synergy)	두 개 이상의 아이디어를 결합하여 제3의 아이디어를 이끌어 낼 수 있도록 한다.

- 사회자 : 많은 아이디어를 말하도록 자유스럽게 진행한다.
- 기록자 : 발표 내용을 빠뜨리지 않되, 핵심 단어만 기록한다.
- 아이디어 생성을 위한 시간이나 개수를 미리 정할 수도 있다.
- 아이디어가 정리된 다음 하나씩 평가하는 과정을 거쳐 좋은 아이디어를 선택한다.
- 너무 소심한 학생들의 경우에는 브레인라이팅(brain writing)으로 변경하면 더 효과를 볼 수 있다.

위와 같이 브레인스토밍을 진행하기 위한 세부 규칙은 다음과 같이 정리될 수 있다.

- 브레인스토밍의 목적을 정하고 문제를 정의하라.
- 규칙을 마련하고 엄수하라.
- 목표치를 정하라.
- 어떤 아이디어든 관계없이 말하라.
- 서두르지 마라.
- 자신의 아이디어를 일찍 판단하지 마라.
- 흥분과 열정에 찬 분위기를 조성하라.
- 다른 사람의 아이디어를 개량하라.
- 아이디어를 많이 만들어라.
- 두려워하지 마라.
- 사물을 다른 시각으로 바라보라.
- 일이 잘 풀리지 않을 때에는 브레인스토밍 자극제를 활용하라.

다. 브레인스토밍의 활동 과제

브레인스토밍 모임을 구성하여 아래에 제시되는 문제 중 한 가지를 해결해 보도록 한다.

1) 활동 규칙

- 팀을 이루어 수행한다.
- 가능한 한 많은 해결책을 쓴다.
- '맞아' 라거나 '틀렸어' 라는 말은 하지 않는다.
- 생각해 낸 답의 수만큼 점수를 얻는다(1개 = 1점).

• 총점이 가장 높은 팀이 우승한다.

2) 문제

• 전기를 만들 수 있는 방법
• 엔진 없이 자동차를 움직일 수 있는 방법
• 운전하는 동안 뜨거운 커피를 엎지르지 않고 마시는 방법
• A4 용지로 할 수 있는 것
• 허리를 굽히지 않고 바닥에 떨어진 감자를 집어 올리는 방법

수제 :

1	21	41
2	22	42
3	23	43
⋮	⋮	⋮
20	40	60

6.3 마인드 맵(mind map)

1970년대 초 토니 부잔(Tony Buzan)에 의하여 창안되었으며, 좌 · 우뇌의 기능을 유기적으로 연결한 '사고력 중심의 두뇌 개발 프로그램' 이다. 읽고, 생각하고, 분석하고, 기억하는 그 모든 것들에 대해 빈 종이 위에 이미지와 핵심 단어 그리고 색과 부호를 사용하여 마음의 지도를 그려나가는 방법이다.

이러한 마인드 맵은 다음과 같은 장점을 가지고 있다.

첫째, 정보를 서로 연결시켜 기억할 수 있을 뿐만 아니라 강의 준비를 하거나 강의 내용 노트, 소설과 작품의 인물을 탐색할 경우 주제에 대한 생각을 쉽게 해낼 수 있고 전체적으로 조직화하는데 유용하다(필기, 책 요약, 창작 및 논문 작성, 그룹 학습, 문제 해결, 지도안, 보고서 등).

둘째, 프로젝트의 기본적인 구조를 짧은 시간 동안에 조직화하고 제시할 때 유용하다.

셋째, 개인이나 집단에서 브레인스토밍을 해낸 아이디어를 자연스러운 구조로 만들어 갈 수 있다.

넷째, 모임의 진행을 조직화하여 시간을 보다 생산적으로 쓸 수 있다.

다섯째, 발표할 아이디어를 자유스럽게 생성해 내게 할 뿐만 아니라 청중이 이해하고 기억하기 쉽게 세시할 수 있다.

가. 마인드 맵의 진행 절차

마인드 맵의 진행 절차는 다음과 같다.

- 핵심 단어나 이미지를 종이 한가운데 적어 넣는다(원이나 네모 활용 가능).
  ※ 몇 가지 중 가장 중심적인 것을 선택해서 쓰도록 한다.
- 어떤 아이디어라도 판단하지 않고 자유스럽게 흘러나오게 한다.
- 이러한 아이디어를 핵심 단어로 나타낸다.
- 한 개의 선(가지)에는 한 개의 핵심 단어만 기록한다.
- 아이디어를 나타내는 핵심 단어는 중심에 있는 제목에 선으로 연결시킨다.
- 아이디어를 부각시키고 강조하기 위하여 색채를 사용할 수 있다.
- 아이디어를 부각시키고 우리의 생각이 또 다른 연결을 쉽게 하도록 자극하기 위

하여 시각적인 그림, 이미지 또는 기호 등을 사용할 수 있다.

나. 마인드 맵 예시

아래 그림은 마인드 맵을 마인드 맵으로 표현한 그림(〈그림 6-1〉)과, 집을 마인드 맵으로 표현한 그림(〈그림 6-2〉, 〈그림 6-3〉)이다.

〈그림 6-1〉 마인드 맵을 마인드 맵으로 표현

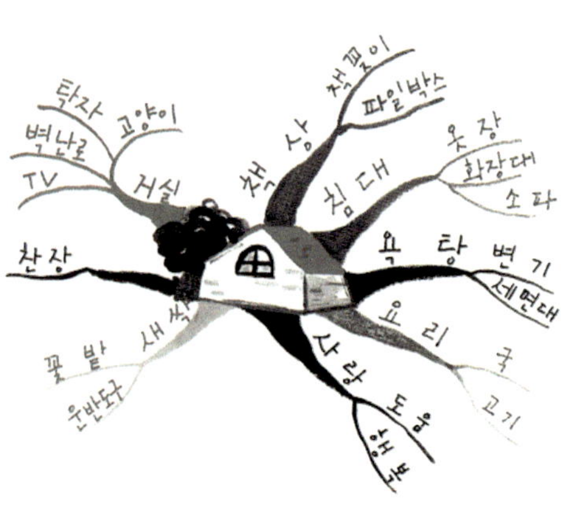

〈그림 6-2〉 집을 마인드 맵으로 표현
(단어로 표현)

〈그림 6-3〉 집을 마인드 맵으로 표현
(그림으로 표현)

다. 마인드 맵 활동 과제

주제를 하나 선정하여 마인드 맵으로 표현하라.

수제 :

6.4 육색 사고모

영국의 심리학자 드 보노(Edward de Bono)가 고안한 이 기법은 참여자들이 여섯 가지 각기 다른 색의 모자를 쓰고, 자신이 쓰고 있는 모자 색깔이 의미하는 유형의 사고를 하게 하는 것이다. 즉, 자신의 생각을 버리고, 의도적으로 다른 생각을 하게 함으로써 폭넓은 사고력을 신장시키게 하는 기법이다.

가. 육색 사고모의 유형

육색 사고모의 각 색깔이 의미하는 사고 유형에 대한 설명은 〈그림 6-4〉와 [표 6-3]과 같다.

나. 진행 절차

사회자가 지시하는 모자를 쓴 뒤, 그 모자가 의미하는 유형으로 생각하고 토의한다. 단, 아래의 사항에 유의하도록 한다.

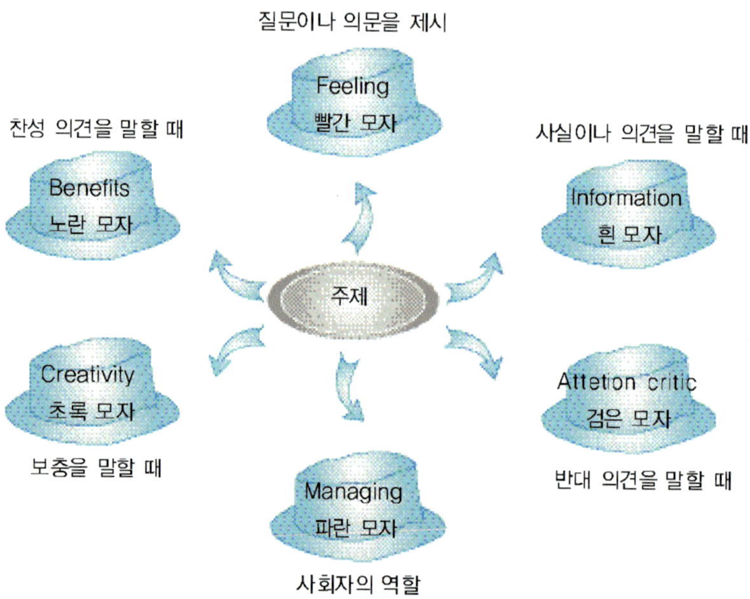

〈그림 6-4〉 육색 사고모의 사고 유형

[표 6-3] 육색 사고모가 의미하는 사고 유형

색깔	사고 유형	예
백색모	• 흰색은 더러움이 없는 순수한 색 • 어떤 비판도 해석도 덧붙지 않은 사실에 초점을 맞춘 사고 • 중립적이고 객관적인 사고	• "우리가 갖고 있는 정보는 무엇인가?" • "우리는 어떤 정보를 필요로 하는가?" • "우리는 어떻게 필요한 정보를 얻을 것인가?"
적색모	• 빨간색은 피와 정열의 상징 • 감정이나 영감에만 의지하는 사고 • 직관에 의한 감정이나 느낌	• "이 사람이 그 일에 적합한 사람이라는 느낌이 듭니다." • "이 일은 위험 부담이 있는 모험이라고 느껴집니다." • "그 아이디어는 가능성이 많을 것 같은데요."
흑색모	• 검은색은 어두운 이미지이지만, 긴장감을 주는 색 • 논리적으로 비판하거나 부정적인 사고 • 어려움, 위험, 문제와 주의점 탐색	• "우리가 이렇게 행동하면 무슨 일이 생길까?" • "무엇이 잘못될 수 있을까?" • "잠재적인 문제점들은 무엇이지?"
황색모	• 노란색은 밝고 적극적인 색 • 오로지 긍정적인 측면에서만 생각 • 낙관적 · 긍정적인 시각 • 아이디어의 실행성, 이점 및 가치 탐색	• "그 제안의 긍정적인 가치가 무엇인가" • "어떤 상황에서 가치가 있는가?" • "그 가치는 어떻게 구체화될 수 있으며 또 다른 유용한 가치는 없는가?"
녹색모	• 초록색은 풍부한 자연과 성장하는 식물을 상징 • 새로운 아이디어를 생성하고, 창조적인 사고 • 대안, 제안 및 아이디어 탐색	• "전혀 다른 방법으로 해볼까요?" • "새로운 대안을 찾아봅시다." • "개선 방안은 무엇입니까?"
청색모	• 파란색은 조절 및 통제의 이미지 • 다른 모자의 사용법을 조절하는 역할(사회자) • 아이디어에 대한 결론	• 회의는 파란 모자가 상황을 정의하는 것으로 시작한다. • 파란 모자는 회의의 방향을 설정하고 있고, 회의의 목적과 결과물을 미리 정하기도 한다. • 회의가 진행되는 중에는 질서를 잡고 모자를 바꿔 쓰자고 제안한다. • 파란 모자는 회의 주재자, 의장 혹은 리더이다.

• 한 번에 하나의 모자만 쓴다.
• "사고모를 써라" = "곰곰이 생각해 보라"라는 생각임을 명시한다.
• 사고모는 몇 번이고 사용 가능하다.

또한 아이디어를 생성하고자 할 때는 "백색모-녹색모-황색모-흑색모-적색모-청색모"의 순서로 모자를 쓰며, 아이디어를 판단할 때는 "적색모-황색모-흑색모-녹색모-백색모-청색모" 순으로 모자를 사용하면 유용하다.

다. 육색 사고모 활동 과제

각 조별로 공학 윤리에 관한 주제를 하나 선정하여 육색 사고모 활동을 하고 그 결과를 정리한다. 공학 윤리와 관련한 예시로는 인간 배아 복제(생명공학 윤리), 컴퓨터 해킹(정보통신 윤리), 환경 오염 등과 같은 것이 해당될 수 있다.

수제 :

6.5 스캠퍼

미리 문제 해결의 착안점을 정해 놓고 그에 따라 다각적인 사고를 함으로써 아이디어를 얻는 기법으로, 알렉스 오스본(Alex Osbone)이 소개하고 로버트 애벌리(Robert Eberle)가 재구성한 아이디어 촉진 질문법이다. 이 기법은 기존의 제품을 개선하거나 신제품을 만들어낼 때 유용하다.

스캠퍼의 각 단계별 질문은 [표 6-4]와 같다. 각 단계와 질문을 이해한 후, 주변에서 볼 수 있는 사물 중에서 각 단계에 해당하는 사례를 찾아 적는다.

[표 6-4] 스캠퍼의 단계별 질문

단 계	질 문	예
대치하기 (Substitute)	• 다른 누구? 다른 무엇? 다른 성분? 다른 재료? • 다른 에너지? 다른 장소? 다른 음성?	
결합하기 (Combine)	• 혼합하면? 단원을 조합하면? 목적을 합하면? • 아이디어를 조합시키면?	
적용하기 (Adapt)	• 번안하면? 각색을 하면? 이것과 비슷한 것은? • 이것은 어떤 아이디어를 시사하는가? • 과거의 것과 비슷한 것은? 베낄 수 있는 것은? • 내가 흉내낼 수 있는 사람은?	
수정-확대-축소하기 (Modify-magnify-minify)	• 확대시키면? 빼면? 변형시키면? • 의미, 색깔, 소리, 향기, 형태 등을 바꾸면? • 빈도를 높이면? • 더 강하게 하면? 더 길면? • 생략하면? 간소화하면? • 분리하면? 작게(가볍게, 쉽게, 짧게)하면?	
다른 용도로 사용하기 (Put to other use)	• (모양, 무게 또는 형태 등으로 보아) 다른 용도는? • 수정하면? • 맥락을 바꾸면?	
제거하기 (Eliminate)	• 이것을 없애 버리면? • 부품 수를 줄이면? 압축시키면? • 낮추면? 더 가볍게 하면? • 없어도 할 수 있는 것은?	
재배치하기 (Rearrange-reverse)	• 거꾸로 하면? 반대로 하면? • 역할을 바꾸면? • 위치를 바꾸면? 다른 시퀀스는? • 보조를 바꾸면? • 원인과 결과를 바꾸어 보면?	

가. 스캠퍼 활동 과제

아래에 제시된 표에 3가지 항목을 선정하여 각각에 대하여 스캠퍼를 하라.

구 분		항목1:	항목2:	항목3:
S	substitute (대치시키면?)			
C	combine (조합하면?)			
A	adapt (맞도록 고치면?)			
M	modify (수정하면?)			
	magnify (확대하면?)			
	minify (축소하면?)			
P	put to other use (다른 용도는?)			
E	eliminate (제거하면?)			
R	rearrange (재배치하면? reverse (거꾸로 하면?)			

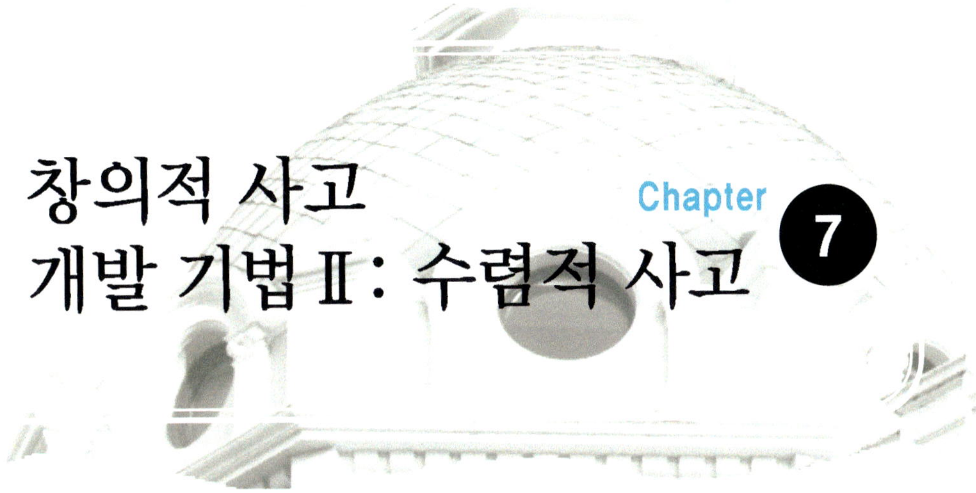

창의적 사고 개발 기법Ⅱ: 수렴적 사고

Chapter 7

7.1 PMI(Plus, Minus, Interesting)

제안된 아이디어의 장점(P), 단점(M), 흥미로운 점(I)을 따져 본 후 그 아이디어를 평가하는 기법으로 하나의 아이디어에 대해 집중적으로 분석하고자 할 때 간단하면서도 효과적으로 활용할 수 있는 기법이다.

Plus(강점), Minus(단점), Interesting(흥미로운 점)의 앞 글자를 딴 PMI에 대한 설명은 [표 7-1]과 같다.

가. PMI의 진행 절차

- PMI의 의미를 집단 구성원들에게 설명한다.
- 각 영역별로 아이디어를 생성한다.
  ※ P를 고려할 때에는 P에만 집중(M, I는 마음에 두지 않음)한다.

[표 7-1] PMI(Plus, Minus, Interesting)

구 분	설 명
Plus(강점)	제시된 아이디어의 좋은 점
Minus(단점)	제시된 아이디어의 나쁜 점
Interesting(흥미로운 점)	제시된 아이디어와 관련하여 흥미롭게 생각되는 점

- PMI 결과를 발표한다.
- PMI 결과를 논의한다.

나. PMI의 예시

다음은 "버스 안에 있는 좌석은 모두 치워 버려야 한다"는 아이디어에 대한 PMI 예시를 보여주고 있다.

아이디어	버스 안에 있는 좌석은 모두 치워 버려야 한다.
P (Plus)	• 버스에 더 많은 사람이 탈 수 있다. • 버스를 타거나 내리기가 더 쉽다. • 버스를 제작하거나 수리하는 비용이 보다 적게 들 것이다.
M (Minus)	• 버스가 갑자기 서면 승객들이 넘어질 것이다. • 노인이나 지체 부자유자는 버스를 이용할 수 없을 것이다. • 쇼핑백을 들거나 아기를 데리고 다니기가 어려울 것이다.
I (Interesting)	• 한 가지는 좌석이 있고, 다른 한 가지는 좌석이 없는, 두 가지 유형의 버스를 생각하게 하는 흥미로운 아이디어이다. • 같은 버스라도 유형을 달리하면 일을 더 많이 할 수 있다는 흥미로운 아이디어이다. • 버스에서는 편안함이 그렇게 중요하지 않을 수도 있다는 재미있는 아이디어이다.

다. PMI(Plus, Minus, Interesting) 활동 과제

아이디어를 한 가지 정하여 PMI를 수행한 후 정리하라.

아이디어	
P (Plus)	

M (Minus)	
I (Interesting)	

7.2 P-P-C

미심쩍은 생각이 드는 또는 유보적인 아이디어에 대하여 긍정적인 면, 가능성이 있는 면, 염려스러운 면으로 구분하여 이야기해 보는 대화기법을 P-P-C(Positive-Possibilities-Concern) 기법이라고 한다.

이 기법을 활용하면 너무 성급하거나 극단적으로 판단하는 것을 막을 수 있으며, 아이디어가 가지고 있는 모순점을 보완하여 문제 해결을 위해 보다 완벽한 계획을 세울 수 있다.

P-P-C 기법의 각 알파벳이 의미하는 것은 [표 7-2]에 제시되어 있다.

[표 7-2] P-P-C 기법

구분	설명
P(Positive)	• 긍정적인 면 • 제시된 아이디어의 훌륭한 면을 칭찬해 주어야 한다.
P(Possibilities)	• 가능성이 있는 면 • 아이디어가 구체적으로 어떤 상황에 응용될 수 있을까를 항목별로 작성한다.
C(Concern)	• 염려스러운 면 • 아직 불안하다. 그것을 없애려면 어떻게 하면 좋을 것인가?

가. P-P-C 기법 활동 과제

아이디어를 한 가지 정하여 P-P-C를 수행한 후 정리하라.

아이디어	
구분	아이디어에 대한 생각
긍정적인 면 P	
가능성이 있는 면 (P)	

	염려스러운 면	해결 방법
염려스러운 면 (C)		

7.3 하이라이팅

생성된 아이디어들 중 괜찮다고 느껴지는 아이디어들을 골라낸 다음, 공통적인 측면이나 요소에 따라 묶음(clusters)을 만드는데, 이를 적중 영역(hot spots)이라고 한다.

하이라이팅은 이러한 적중 영역을 문제 해결에 적합한 형태로 재진술하는 기법이며, 그 진행 절차는 다음과 같다.

- 생성된 아이디어에 번호를 붙인다.
- 아이디어를 차례로 음미하여 그럴 듯해 보이는 대안들을 골라낸다.
  ※ 아이디어의 실현 가능성은 고려하지 않아도 된다.
- 적중 영역을 만들고, 골라낸 아이디어를 적중 영역별로 분류한다.
- 적중 영역을 검토하고 그 의미를 재 진술한다.
- 문제의 요구를 가장 잘 충족시키는 것으로 판단되는 적중 영역을 선택한다.
  ※ 두 개 이상의 적중 영역을 조합하여 하나의 해결책을 만들어도 좋다.

가. 하이라이팅 기법의 예

- **주제 :** 환경 오염을 줄이기 위해 우리가 할 수 있는 방법 모색

● 히트된 아이디어

구성 요소	개념 및 평가 준거
1) 샴푸를 쓰지 말자 7) 자동차를 없애자 9) 재활용품을 사용하자 10) 나무를 많이 심자 14) 수도요금을 올리자 19) 기름값을 올리자 21) 승려처럼 설거지 물을 마시자 22) 공장을 없애고 옛날로 돌아가자	27) 분리수거를 하자 30) 담장을 자연 풍경으로 꾸미자 32) 비료를 쓰지 않는 무농약 농사를 짓자 33) 일회용 용기 사용을 자제하자 41) 환경의 중요성을 반상회를 통해 알리자 43) 남은 재료를 활용하는 퓨전 요리를 활성화하자 50) 한 달에 한 번 자기집 앞 청소를 하자

※ 위의 아이디어는 57개의 대안 중 히트된 15개이다.

● 적중 영역 분류

사회적 관계	예술 · 미학	경제	방어 · 수비	환경	교육
• 분리수거를 하자 • 재활용품을 사용하자 • 일회용 용기 사용을 자제하자	• 담장을 자연풍경으로 꾸미자 • 한 달에 한 번 자기집 앞 청소를 하자 • 남은 재료를 활용하는 퓨전 요리를 활성화하자	• 수도요금을 올리자 • 기름값을 올리자	• 공장을 없애고 옛날로 돌아가자 • 샴푸를 쓰지 말자	• 나무를 많이 심자 • 비료를 쓰지 않는 무농약 농사를 짓자	• 환경의 중요성을 반상회를 통해 알리자

● 재진술에 의해 선택된 해결책

환경 오염을 줄이기 위해서 사회적인 면으로는 분리 수거를 하고 재활용품을 사용하며 일회용품의 사용을 자제하는 한편, 예술 · 미학적인 면으로는 담장을 꾸미고, 자기집 앞을 청소하며 퓨전요리를 활성화하자.

나. 하이라이팅 기법 활동 과제

주제를 한 가지 정하여 브레인스토밍한 후, 산출된 아이디어를 하이라이팅 기법을 통해 수렴하라.

- **주제 :**
- **브레인스토밍**

1	11	21
2	12	22
3	13	23
4	14	24
5	15	25
6	16	26
7	17	27
8	18	28
9	19	29
10	20	30

- **아이디어 히트하기**

※ 브레인스토밍한 아이디어 중 그럴 듯해 보이는 대안에 체크를 한다. 아이디어의 실현 가능성은 고려하지 않아도 된다.

- **적중 영역 만들기 및 분류하기**

※ 적중 영역을 만들고 골라낸 아이디어를 적중 영역별로 구분한다. 그런 다음 다시 적중 영역을 검토하고 그 의미를 검토해 본다.

영역					
아이디어					

● **재진술에 의해 선택된 아이디어**

※ 문제의 요구를 가장 잘 충족시키는 것으로 판단되는 적중 영역을 선택하라. 두 개 이상의 적중 영역을 조합하여 하나의 해결책을 만들어도 좋다.

7.4 평가행렬

평가행렬법(evaluation matrix)은 제안된 아이디어들을 미리 정해 놓은 준거에 따라 체계적으로 평가하기 위한 기법이다. 평가하려는 아이디어들을 세로축에 나열하고 평가 준거를 가로축에 적어 행렬표를 만든 후, 각 준거를 기초로 모든 아이디어를 평가한다. 체계적인 만큼 시간과 노력이 소요되는 단점이 있다.

평가행렬법의 진행 절차는 다음과 같다.

- 평가행렬표를 준비한다.
- 아이디어나 준거의 순서 없이 아이디어는 왼쪽에, 준거는 윗부분에 나열한다.
- 행렬표를 완성한다.
  - 평정 척도에 따라 점수를 부여한다.
  - 평정 척도 예: 수(10점), 우(8점), 미(6점), 양(4점), 가(2점)

• 결과를 해석한다.
  – 행렬표의 결과는 아이디어의 강점과 약점을 확인하는 데만 이용한다.
  – 어떤 준거에서는 점수가 낮은데 어떤 준거에서는 높은 점수로 평가되었다면 그 아이디어를 다듬어 발전시킬 방도를 연구하고 궁리해 봐야 한다.

가. 평가행렬법의 예

● **주제** : 학교 공부를 보다 능률적으로 할 수 있는 방법에 대해 생각해 보자.

● **아이디어와 평가준거에 따라 행렬표 완성**

아이디어 \ 평가 준거	학습	건강	인성	환경	총계
점심 식사 후에 30분간 수면 시간을 준다.	8	10	9	6	33
남학생과 여학생이 짝이 되어 앉는다.	7	8	10	9	34
능력별 이동수업을 실시한다.	10	7	7	7	31
잘 하는 학생과 못하는 학생을 짝지어 서로 가르쳐 주도록 한다.	9	6	6	8	29
수업 시간을 10분 단축한다.	6	9	8	5	28
교실 벽면을 다시 칠한다.	5	5	5	10	25

나. 평가행렬법 활동 과제

주제를 한 가지 정하여 평가행렬표를 완성한 후, 그 결과를 평가하라.

아이디어 \ 평가 준거					총계

창의적 문제 해결 방법론, TRIZ

Chapter 8

8.1 TRIZ란 무엇인가?

트리즈라는 명칭은 '발명 문제 해결 이론'을 의미하는 러시아어의 머리 글자인 Teoriya(쩨오니야: 이론), Resheniya(레셰니야: 해결), Izobretatelskih(이조브레따쩰스키흐: 발명), Zadach(자다취: 문제)를 영어식으로 읽은 것이며, 영어로는 Theory of Inventive Problem Solving으로 번역할 수 있다.

TRIZ는 1946년 러시아 해군에서 특허를 담당하던 겐리흐 알트슐러(Genrich Altshuller)에 의해 연구되기 시작하였다. 카스피해 해군에서 특허와 관련된 기술적 문제를 해결하던 알트슐러는 서로 다른 분야의 문제들이 동일한 원리로 해결되는 것을 자주 목격하고 창의적인 해결에 어떤 공통된 원리가 존재할 것이라고 가정하고 이를 찾아내기 위하여 수십만 건의 특허를 조사하였다. 이 조사 연구에서 알트슐러가 얻은 네 가지 성과는 발명을 정의하고, 발명의 수준을 나누었으며, 발명의 유형과 진화의 유형을 파악한 것이었다.

알트슐러는 발명을 "모순(시스템의 한 특성이 좋아지면 다른 특성이 나빠지는 현상)을 해결하는 것"이라 정의하였다(한국 TRIZ 연구회, 2002). 모순의 예는 아래와 같다.

예 1 면도날은 수염을 잘 자르기 위해 날카로워야 하며 동시에 피부 손상을 방지하기 위해 무뎌야 한다.

예 2 비행기 날개는 이착륙 시에 양력을 받기 위해 넓어야 하지만 이륙 후에는 공기 저항을 줄이기 위해 작아야 한다.

예 3 비행기 랜딩 기어는 이착륙 시에 필요하지만 이륙 후에는 공기 저항을 줄이기 위해 없어야 한다.

대부분의 문제에는 이러한 모순이 존재하는데, 현재의 해결법은 대부분의 모순을 타협해서 해결한다는 것이다. 예를 들어 [예1]의 면도날의 경우 적당히 날카롭게 면도날을 만들어 모순과 타협하며, [예2]의 경우 날개의 면적을 중간 정도로 만들어 문제를 해결하는 식의 문제 해결이 대부분의 해결책이다. 하지만 창의적인 해결책은 타협에 의해 문제를 해결하는 것이 아니라 모순 자체를 제거함으로써 문제를 해결하는 것이다. 이러한 모순을 해결하기 위한 TRIZ는 몇 가지 도구를 제시하는 데 모순 행렬, 표준해, 아리즈(ARIZ), 4가지 분리원리 등이 그것이다.

또한 창의적인 특허를 발명의 난이도에 따라 5단계로 나누었는데, [표 8-1]과 같다.

발명의 수준 중 1수준과 2수준의 문제는 자명한 해결책으로 특별한 어려움 없이 해결될 수 있는 문제이며, 5수준의 문제는 현재 과학지식의 범위를 뛰어넘는 단계이기 때문에 TRIZ가 목표로 하는 문제 해결의 단계는 주로 3,4 수준의 문제 해결에 초점이 맞추어져 있다. 이렇게 발명의 수준을 분류한 이유는 수많은 특허를 자세히 검

[표 8-1] 특허 분류를 통한 발명의 정의

수준	발명의 수준	점유율(%)	필요한 지식	고려해야 할 해결책의 수	예
1	자명한 해결책	32	개인적 지식	10	• 수송 효율을 높이기 위하여 큰 트럭 사용
2	작은 개선	45	사내 지식	100	• 용접장치에 부착된 소화용 도구
3	획기적인 개선	18	산업 내 지식	1,000	• 모순이 제거됨 • 컴퓨터의 마우스
4	신개념	3	산업 외 지식	100,000	• 기술의 영역이 아닌 과학의 영역에서 해결책 발견 • 현미경, 내연기관
5	발견	1	모든 지식	1,000,000	• 현재 과학지식의 범위를 뛰어넘는 단계 • DNA, 레이저

토하는 것은 시간적으로 불가능한 일이기도 하지만 수준의 분류를 통해서 창의적인 해결책의 범위와 공통점을 찾을 수 있기 때문이다.

발명 수준에 따른 분류에서 한 가지 유의할 만한 사실은 발명의 수준이 높은 문제일수록 문제의 해결책이 다른 산업에서 찾을 수 있는 경우가 많았다는 것이다. 이는 대부분의 사람들이 자신의 경험에 의해서 문제를 해결하려 들지만 발명의 수준이 높을 경우 그런 방법으로 해결하는 것은 힘들다는 것을 의미한다. 이것을 도식적으로 나타내면 〈그림 8-1〉과 같다. 즉, 사람들은 어떤 문제를 접했을 때 심리적 관성(Psychological Inertia) 때문에 자신의 경험에 비춘 방법으로 개념(Concept 1)을 잡고 진행하지만 거기에서 답을 못 찾을 경우, 또 다른 개념(Concept 2)을 떠 올리면서 해결책을 찾으려 한다. 하지만 자신의 경험에서 벗어나 있는 해(Solution)의 접근은 결국 하지 못하는 것이다. 이러한 시행착오적 방법은 시간을 많이 소모할 뿐만 아니라 우연에 의해 해결책에 접근하는 방법이기 때문에 효율적이지 못하다. TRIZ에서는 이러한 해결책으로 가는 방향을 이상적인 결과(IFR, Ideal Final Result)라는 개념을 도입하여 제시하고 또 구체적인 접근 방법으로 ARIZ를 제시하고 있다.

특허 분석을 통해 얻는 또 하나의 중요한 사실은 발명의 유형이 존재한다는 것이다. 즉, 다른 분야의 문제이더라도 동일한 원리로 해결되는 경우가 많이 존재한다는 것이다. 예를 들어 보면 다음과 같다.

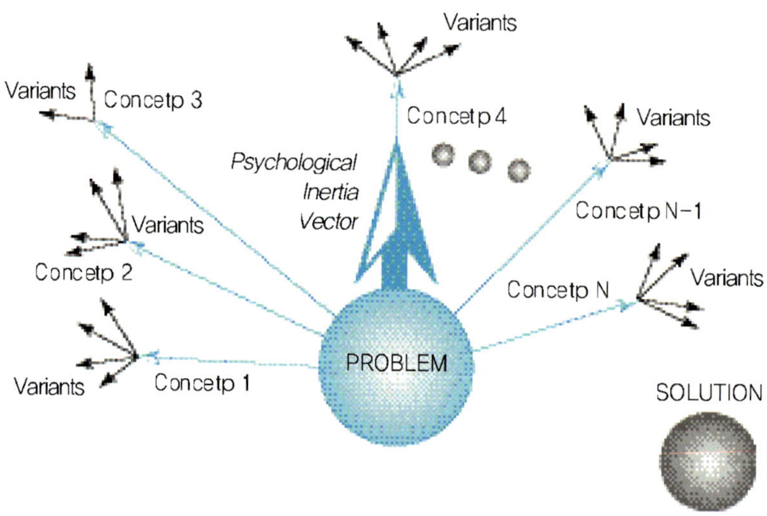

〈그림 8-1〉 심리적 타성의 개념(Psychological Inertia Vector)

문제 상황: 인공 다이아몬드의 가공

수정을 원재료로 사용하여 인공 다이아몬드를 가공하는 공장이 있다. 수정을 인공 다이아몬드로 가공하기 위해서는 수정의 균열이 간 부분을 쪼개야 한다. 그러나 불행하게도 이 공정은 종종 수정에 새로운 균열을 만들어서 수정을 못 쓰게 만든다. 어떻게 하면 수정을 새로운 균열을 발생시키지 않고 쪼갤 수 있을까?

대부분의 쉽게 할 수 있는 답은 수의를 해서 가공한다, 세심한 공구를 사용하다 등의 답이 되기 쉽다. 하지만 이 문제의 해결책은 이미 다른 곳에서 사용되고 있었다.

위의 문제를 해결하기 위한 해결책으로는 다음과 같은 원리들이 사용될 수 있다.

[해결책 1] **피망의 꼬투리 제거(John Terninko et al, 1998)**

피망을 밀폐된 용기에 넣고 압력을 8기압으로 점차 높인다. 그러면 피망은 쭈그러들어서 가장 약한 꼭지 부분에 균열이 생긴다.

압축된 공기는 이 균열을 통하여 피망 속으로 들어가서 피망의 내부압력과 외부압력이 같아지게 된다. 이때 용기의 압력을 감소시키면 피망의 가장 약한 부분인 꼭지 부분이 터지면서 꼬투리가 씨와 함께 제거된다.

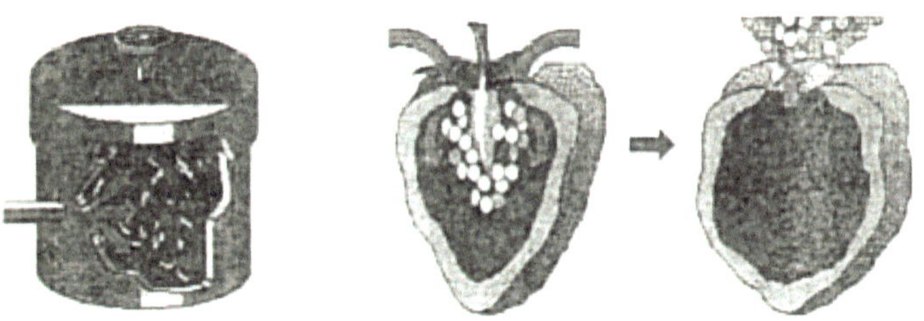

〈그림 8-2〉 피망의 꼬투리 제거(박영택, 박수동, 1999)

[해결책 2] **도토리의 껍질 제거(John Terninko et al, 1998)**

도토리의 껍질을 제거하는 방법은 도토리를 봉합된 벙커의 물속에 넣고, 벙커의 압력을 어느 정도 압력에 도달할 때까지 열을 가한 후 갑자기 압력을 낮추는 것이다. 그렇게 하면 고압의 가열된 물이 도토리에 침투하다가 갑자기 낮아진 압력으

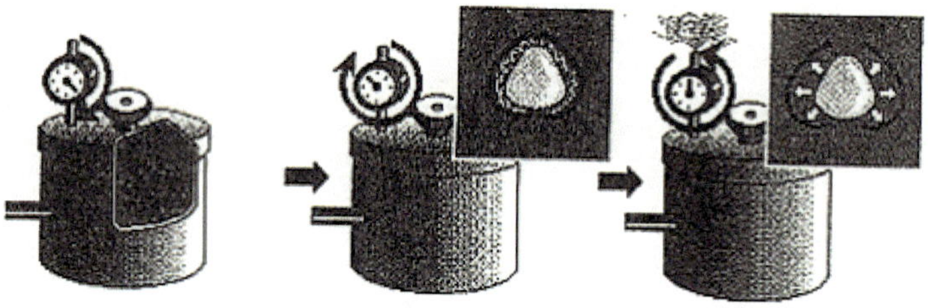

〈그림 8-3〉 도토리 껍질 제거(박영택, 박수동, 1999)

로 인하여 도토리의 껍질이 갈라지면서 껍질이 제거된다.

[해결책 3] **필터의 먼지 제거(John Ternink o et al, 1998)**

공기가 튜브를 통과할 때 먼지가 구멍에 끼게 된다. 이러한 필터를 청소하는 것은 어렵다. 그러나 다음과 같은 방법을 이용하면 아주 쉽게 구멍에 낀 먼지를 제거할 수 있다. 필터를 꺼내서 봉한 후 5~10기압 정도의 압력을 가한 다음, 갑자기 압력을 떨어뜨린다. 급격한 압력의 변화는 공기를 먼지와 함께 구멍에서 빠져 나오게 한다.

이상의 세 가지 해결책의 공통점은 "어떤 물질을 밀폐된 용기에 넣고, 점차 압력을 증가시킨 후 갑자기 압력을 떨어뜨린다"이다. 즉, 급격한 압력의 변화는 물질을 쪼갤 수 있는 폭발을 만들어 낸다는 공통적 원리를 사용한다는 것이다.

다시 수정을 쪼개는 문제로 돌아가서 해결책을 생각해 보면 간단히 문제를 해결할 수 있다. 즉, 수정을 고압용기에 넣는다. 그리고 용기의 압력을 수천 기압까지 높인 뒤 갑자기 압력을 떨어뜨린다. 갑작스런 압력의 변화로 인하여 균열이 간 수정은 쪼개지게 된다.

일반적으로 수정이라는 용어를 접하게 되면 수정에서 연상되는 개인적인 경험에 의해 이러한 해결책을 떠올리지 못하는 것이 보통이지만, TRIZ에서는 이런 용어를 일반화함으로써 개인의 심리적 관성을 제거한다.

TRIZ에서 추구하고자 하는 문제 해결 방법을 도식화하면 〈그림 8-4〉와 같다.

일반적인 문제를 시행착오를 통해서 해결책을 찾아내는 것이 아니라 표준 문제로 바꾸고 이 문제의 표준해결책을 TRIZ의 도구(Tool)를 통해서 찾아낸 다음 일반적인

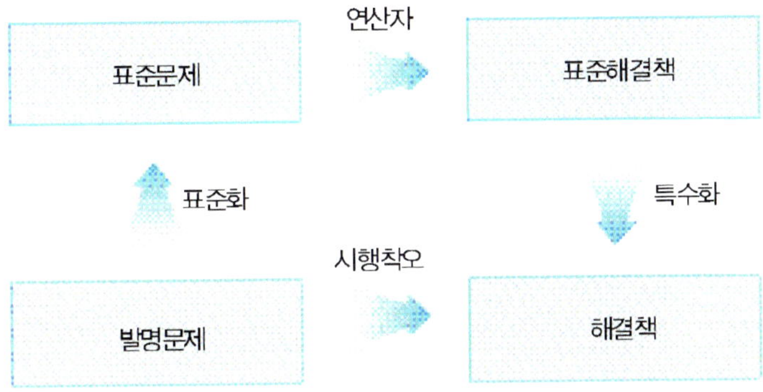

〈그림 8-4〉 TRIZ에서의 문제 해결 방법(박영택, 박수동, 1999)

해결책으로 도출하는 것이다. 이것은 마치 2차방정식의 해를 시행착오를 통해 구하는 것이 아닌 근의 공식으로부터 구하는 것과 동일한 원리이다(〈그림 8-5〉 참조).

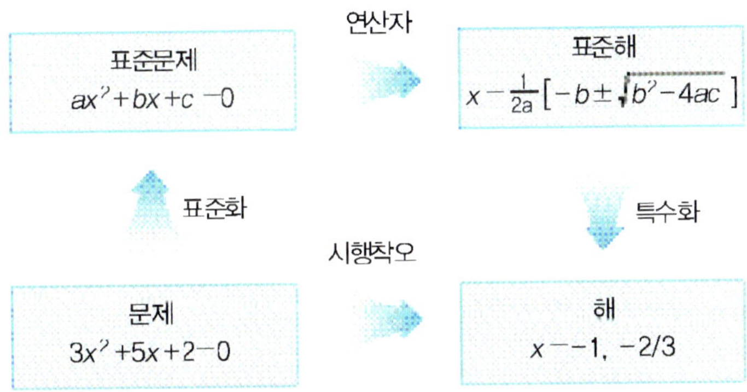

〈그림 8-5〉 2차방정식 문제 해결 방법의 도식화(박영택, 박수동, 1999)

발명과 특허의 분류를 통해 얻은 네 번째 결과는 진화의 유형을 찾아냈다는 것이다. 기계적인 시스템이든 사회적인 시스템이든 일정한 발전 방향과 유형이 존재한다는 것이다. 진화의 유형이 중요한 의미를 지니는 것은 지금 당장 문제가 되지는 않더라도 앞으로 발전해 나갈 기술의 진화 방향 예측에 도움을 준다는 것이다(황희수, 2003). 진화의 유형을 요약하면 [표 8-2]와 같다.

[표 8-2] 발명의 진화 유형

진화의 유형	설 명
1	진화의 4단계(유아기, 성장기, 성숙기, 쇠퇴기)를 거치면서 진화한다.
2	이상을 증가시키는 방향으로 진화한다.
3	시스템 요소들이 불균등하게 발전하면서 진화한다.
4	역동성과 조종성을 증가시키는 방향으로 진화한다.
5	복잡성을 증가시키는 방향에서 단순화를 향하여 진화한다.
6	조화와 부조화를 거치면서 진화한다.
7	마이크로 레벨과 장(field)의 사용을 증가시키는 방향으로 진화한다.
8	인간의 개입을 줄이는 방향으로 진화한다.

8.2 모순 행렬

모순 행렬은 고전 트리즈 (Classical TRIZ)에서 중요한 영역을 차지하는 도구이다. 이 행렬은 40가지 발명 원리와 39가지 일반화된 표준 특징으로 구성되어 있는 행렬이다. 앞 절에서도 간단히 설명했듯이 구체적인 용어는 심리적 관성을 발생시키고, 이는 우리의 창의성을 제한하기 때문에 TRIZ에서는 문제를 일반화시키는 작업을 한다. 39가지 표준 특징은 수십만 건의 특허를 분석하여 기술적으로 모순이 되는 요소를 일반화 하여 나타낸 값이다. [표 8-3]에 39가지 표준 특징을 나타냈다.

[표 8-3] 39가지 표준 특징(John Terninko et al, 1998)

1. 움직이는 물체의 무게	9. 속도
2. 고정된 물체의 무게	10. 압력
3. 움직이는 물체의 길이	11. 압력
4. 고정된 물체의 길이	12. 모양
5. 움직이는 물체의 면적	13. 물체의 안정성
6. 고정된 물체의 면적	14. 강도
7. 움직이는 물체의 부피	15. 움직이는 물체의 내구력
8. 고정된 물체의 부피	16. 고정된 물체의 내구력

[표 8-3] 계속

17. 온도	29. 제조의 정확성
18. 밝기	30. 물체에 작용하는 유해한 요인
19. 움직이는 물체가 소모한 에너지	31. 유해한 부작용
20. 고정된 물체가 소모한 에너지	32. 제조 용이성
21. 동력	33. 사용 편의성
22. 에너지의 낭비	34. 수리 가능성
23. 물질의 낭비	35. 적응성
24. 정보의 손실	36. 장치의 복잡성
25. 시간의 낭비	37. 조절의 복잡성
26. 물질의 양	38. 자동화의 정도
27. 신뢰성	39. 생산성
28. 측정의 정확성	

모순 행렬은 〈그림 8-6〉과 같이 표준 특징 중 개선이 필요한 특징과 악화되는 특징으로 행과 열이 구성되어 있다. 예를 들어 악화되는 특징이 힘(force)이고 개선이 필요한 특징이 움직이는 물체의 무게라면 8, 10, 18, 37의 발명 원리를 이용하여 문제를 해결할 수 있다는 것을 알 수 있다. 발명 원리는 창의적인 특허들을 분석하여 각각의 문제를 해결할 때 주로 사용되는 원리를 일반화 하고 데이터베이스화 하여 만든 것이다. 모순 행렬을 살펴보면 발명 원리가 정확한 답을 주는 것은 아니라는 것을 알 수 있다. 예를 들어 8번 발명 원리인 평형추(Counterweight)는 한 객체에 작용하는 힘을 줄이기 위한 반대되는 힘(부력이나 양력 등)을 가하는 원리인데, 이것 자체가 구체적인 해결책을 주는 것은 아니지만 이런 유형의 문제들은 평행추라는 원리를 이용하여 창의적으로 해결되었기 때문에 주어진 문제 해결의 힌트와 방향을 얻을 수 있는 것이다.

이러한 발명 원리는 40가지가 있으며, TRIZ의 주요한 도구이다. 40가지 발명 원리는 [표 8-4]에 나타냈다.

초기에 40가지 발명 원리는 모순 행렬 안에서 선택하여 이용되었지만, 실제적으로 문제를 해결하는 데는 크게 도움이 되지 못한다는 지적에 따라 현재는 40가지 원리를 개별적으로 적용하여 문제를 해결하고 있다(김효준, 2003).

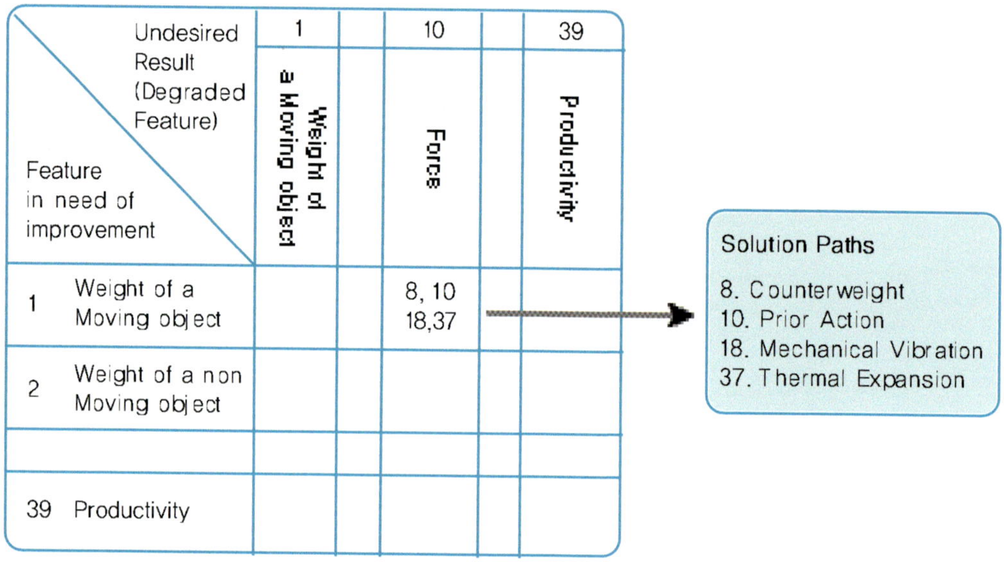

〈그림 8-6〉 모순 행렬

[표 8-4] 40가지 발명 원리(40 principles)

1. 분할	21. 건너뛰기
2. 분리	22. 유해물 이용
3. 국소 품질	23. 피드백
4. 비대칭	24. 중간 매개물
5. 병합	25. 셀프서비스
6. 범용성	26. 대체 수단
7. 포개기	27. 일회용품
8. 평형추	28. 기계식 시스템의 대처
9. 사전 예방조치	29. 공압 및 수압
10. 사전 준비조치	30. 연한 껍질이나 얇은 막
11. 사전 보호조치	31. 다공성 소재
12. 높이 유지	32. 색상 변화
13. 반전	33. 동질성
14. 타원체	34. 폐기 또는 복구
15. 유연성	35. 모수변화
16. 초과나 과부족	36. 상태 전이
17. 다른 차원	37. 열팽창
18. 기계적 진동	38. 강한 산화제의 이용
19. 주기적 조치	39. 불활성 환경
20. 유용한 조치의 지속	40. 복합재료

8.3 40가지 발명 원리(40 principles)

다음은 위의 [표 8-4]에 제시된 40가지의 각각의 발명 원리에 대한 설명이다. 각각의 예에 대한 설명을 이해한 후, 각각의 원리가 적용되어 우리 주변에서 활용되고 있는 것들에 대해 생각해 보자.

[원리 1] 분할(Segmentation)

설명
- 물체를 독립된 부분으로 나눈다.
- 물체를 조립식으로 만든다.
- 물체의 분할 정도를 늘린다.

예
- 모듈로 된 컴퓨터 부품
- 거대한 트럭을 트럭과 트레일러로 나눈다.
- 조립식 가구
- 신속하게 조립할 수 있는 배관의 관절
- 원하는 길이만큼 쉽게 이을 수 있는 정원용 호스
- 베니스식 블라인드

[원리 2] 분리(Extr action)

설명
- 방해가 되는 부분이나 속성을 물체로부터 분리한다.
- 필요한 부분은 물체로부터 분리한다.

예
- 압축 공기가 필요한 건물에서 요란한 압축기를 건물 밖에 위치시킨다.
- 비행장에서 새들을 쫓아내기 위해 녹음기를 이용해서 새들을 놀라게 하는 소리를 낸다. 이 소리의 주파수는 새들만을 위해서 분리된 것이다.

[원리 3] 국소 품질(Local quality)

설명
- 동일한 구조의 물체나 환경을 이질적인 구조로 변환한다.
- 물체의 각 부분이 운영에 필요한 최적의 상태에 놓이게 한다.
- 물체의 각 부분이 각각 다른 기능을 수행하게 한다.

예
- 일정한 온도, 압력, 밀도 대신에 이들의 변화율을 사용한다.
- 뜨거운 음식과 찬 음식을 구분하기 위한 칸막이가 있는 도시락
- 지우개 달린 연필
- 다기능 공구
- 탄광에서 먼지를 제거하기 위해서 아주 작은 물방울을 착암기와 적재기의 작동

부분에 뿌린다. 물방울이 작을수록 먼지 제거 효과가 크지만 작은 물방울들은 안개와 같아서 작업 자체를 방해한다. 이 문제는 작은 물방울을 주위에 좀더 큰 물방울 층을 만드는 것으로 해결할 수 있다.

[원리 4] 비대칭(Asymmetry)

설명
- 물체의 구조를 대칭 구조에서 비대칭 구조로 바꾼다.
- 물체가 이미 비대칭이라면 그 정도를 증가시킨다.

예
- 원통형의 축을 손잡이(knop)에 단단히 붙이기 위해서 일부를 납작하게 한다.
- 비대칭 혼합 용기(믹서, 레미콘 트럭)
- 커브 길에서 타이어의 마모를 줄이기 위해서 타이어의 바깥쪽을 안쪽보다 강하게 만든다.
- 봉합을 개선하기 위해서 원형 대신 타원형의 횡단면을 이용한다.

[원리 5] 병합(Mer ging) – 시간과 공간

설명
- 동일하거나 비슷한 물체들을 가까이 모아 두거나 병합한다(공간).
- 물체들이 연속적 또는 병렬로 작동하게 한다(시간).

예
- 오디오세트
- 네트워크로 연결된 개인용 컴퓨터
- 통풍 시스템에서의 바람개비
- 병렬처리 컴퓨터에 있는 수천 개의 마이크로프로세서
- 회로판에 있는 전자칩들
- 베니스식 블라인드
- 여러 가지의 혈액형을 동시에 분석하는 의료분석 기구
- 절삭을 하면서 동시에 절삭공구에 냉각제를 뿌려준다.

[원리 6] 범용성(Univer sality)

설명
- 시스템이 여러 기능을 수행하도록 한다.

예
- 치약이 포함된 칫솔 손잡이
- 침대용 소파
- 유모차로 변환되는 어린이용 자동차 안전 시트

[원리 7] 포개기(Nesting)

설명
- 하나의 물체를 다른 물체 속에 넣는다.
- 하나의 물체가 다른 물체의 구멍을 통과한다.

예
- 컵이나 스푼의 부피 측정
- 러시아인형(Matreshka)
- 마이크나 스피커가 내장된 휴대용 오디오 시스템
- 라디오 안테나
- 줌렌즈
- 안전벨트
- 비행기의 착륙장치

[원리 8] 평형추(Counterweight)

설명
- 물체의 무게를 양력을 가진 다른 물체와 연결하여 상쇄한다.
- 물체의 무게를 공기나 물에 의한 주위 환경과 상호 작용하게 한다.

예
- 건설용 기중기
- 통나무 묶음에 거품이 나는 약품을 주입해서 물 위에 잘 뜨게 한다.
- 플래카드를 지지하기 위해서 헬륨 풍선을 이용한다.
- 비행기의 날개 구조는 날개 위의 공기 밀도를 감소시키고 날개 아래의 공기 밀도를 증가시켜 뜨게 한다.
- 비행기 날개의 소용돌이 줄무늬
- 물과의 마찰을 줄이기 위한 수중익선

[원리 9] 사전 예방조치(Preliminary anti-action)

설명
- 어떠한 작용을 해야 할 경우 사전에 이에 대한 역작용을 고려한다.
- 물체에 스트레스는 미리 가한다.

예
- PH가 높은 물질로부터의 해를 막기 위해서 수용액을 이용한다.
- 강철봉을 콘크리트에 넣기 전에 미리 스트레스를 가한다.
- 페인트칠을 하지 않을 곳을 미리 테이프로 싼다.
- X-선에 노출되는 부분을 납으로 된 치마를 사용하여 가린다.

[원리 10] 사전 준비조치(Prior action)

설명
- 물체가 겪게 될 변화를 미리 겪게 한다.
- 이동 시간의 낭비 없이 물체를 바로 사용할 수 있도록 편리한 위치에 배열한다.

예
- 미리 풀칠해 둔 벽지
- 수술에 필요한 모든 도구들을 봉합된 쟁반에서 살균한다.
- 무디어진 부분을 잘라내서 사용하는 칼날
- JIT에서의 간판 배열

[원리 11] 사전 보호조치(Beforehand cushioning)

설명
- 신뢰성이 낮은 물체에 대해서 미리 비상 수단을 준비해 둔다.

예
- 예비 낙하산
- 도난 방지를 위한 상품의 바코드

[원리 12] 높이 유지(Equipotentiality)

설명
- 물체가 올려지거나 내려가지 않도록 작업 조건을 변화시킨다.

예
- 자동차 엔진 오일을 교환하기 위해서 작업자가 구덩이에 들어가서 작업한다.
- 파나마 운하

[원리 13] 반전(Inversion)

설명
- 문제를 해결하기 위해서 반대의 조치를 취한다.
- 움직일 수 있는 부분을 고정시키고, 고정된 부분을 움직일 수 있게 한다.
- 물체나 공정을 거꾸로 뒤집는다.

예
- 딱딱한 부분을 무르게 하기 위해서 바깥쪽을 가열하는 대신 안쪽을 얼린다.
- 모하메드를 산으로 옮기는 대신에, 산을 모하메드로 옮긴다.
- 공구 대신에 부품을 회전시킨다.
- 러닝머신
- 컨테이너를 비우기 위해서 컨테이너를 뒤집는다.

[원리 14] 타원체(Spheroidality)

설명
- 직선 대신에 곡선을 이용한다.
- 롤러나 볼, 나선형, 돔을 이용한다.
- 원심력을 이용하여 직선운동을 회전운동으로 바꾼다.

예
- 건축물에서 강도를 높이기 위해서 아크나 돔을 사용한다.
- 물체를 들어올리는데 사용하는 나선형 기어
- 잉크 분배를 부드럽게 하기 위해서 볼 포인트나 롤러 포인트를 사용한다.
- 가구를 옮기는 데 원통형 바퀴 대신에 구형 바퀴를 사용한다.
- 컴퓨터 볼 마우스

[원리 15] 유연성(Flexibility)

설명
- 최적 작동조건을 위해 물체나 외부 환경이 변하게 한다.
- 물체의 각 부분이 상대적으로 움직일 수 있도록 나눈다.
- 물체가 만일 유연하지 않다면 유연하게 한다.

예
- 조정 가능한 핸들, 의자, 거울
- 버터플라이 키보드
- 엔진 검사를 위한 유연성 boroscope
- 의료 검사를 위한 유연한 결장경

[원리 16] 초과 혹은 과부족(Partial or excessive action)

설명
- 주어진 해결 방법을 이용하여 목표를 100% 달성할 수 없다면 '조금 덜' 또는 '조금 더'와 같은 방법을 이용한다.

예
- 페인트칠할 때 과도하게 뿌린 다음에 초과된 부분만 제거한다.
- 호퍼
- 이미지 압축 기술

[원리 17] 다른 차원(Another dimension)

설명
- 물체를 2차원 혹은 3차원 공간으로 옮긴다.
- 단층 배열 대신에 다층 배열을 이용한다.
- 물체를 기울이거나 방향을 전환한다.
- 주어진 영역의 반대쪽을 이용한다.

예
- 프레젠테이션을 위한 적외선 컴퓨터 마우스는 평면이 아니라 공간상에서 움직인다.
- 5축 절단공구
- 여러 장의 CD가 들어가는 CD플레이어
- 컴퓨터의 하드디스크
- 양면이 프린트된 전자회로
- 덤프트럭
- 복합 마이크로 전자회로

[원리 18] 기계적 진동(Mechanical vibration)

설명
- 물체를 진동시킨다.
- 진동이 있다면 진동수를 증가시킨다.
- 전자기장을 초음파 진동과 함께 이용한다.

예
- 진동하는 날을 가진 전자 조각칼
- 진동을 이용하여 분말을 배분한다.
- 초음파 진동을 이용하여 담석이나 신장 결석을 파괴한다.
- 수정발진 시계
- 유압 해머

[원리 19] 주기적 조치(Periodic action)

설명
- 연속적인 조치 대신에 주기적인 조치를 취한다.
- 조치가 이미 주기적이라면 주기의 정도를 바꾼다.
- 다른 조치를 수행하기 위해서 펄스 사이에 휴지 기간을 사용한다.

예
- 해머로 물체를 반복해서 두드린다.
- 연속적인 사이렌을 주기적인 사이렌으로 바꾼다.
- 정보를 전달하기 위해서 모스 부호 대신에 주파수 변조를 이용한다.
- 연속적인 사이렌을 진폭이나 주파수가 변하는 사이렌으로 바꾼다.

[원리 20] 유용한 조치의 지속(Continuity of useful action)

설명
- 물체의 모든 부분이 항상 최대한으로 작동하게 한다.
- 모든 유휴 또는 단속 작업을 제거한다.

예
- 플라이휠은 자동차가 멈출 때 에너지를 저장해서 모터가 최적의 힘으로 작동하도록 유지해 준다.
- 공장에서 병목현상이 발생하는 작업을 최적 페이스에 도달할 때까지 연속적으로 수행한다.
- 프린터 용지를 공급하는 동안 인쇄한다.

[원리 21] 건너뛰기(Skipping)

설명
- 유해하거나 위험한 공정을 최고 속도로 수행한다.

예
- 치아를 갈 때 치아 조직이 가열되는 것을 피하기 위해 드릴을 고속으로 회전시킨다.
- 플라스틱 절단시 변형을 피하기 위해 열이 플라스틱에 퍼지기 전에 빠르게 절단한다.

[원리 22] 유해물 이용(Convert harm into benefit)

설명
- 바람직한 효과를 달성하기 위해서 해로운 요인을 부분적으로 사용한다.
- 유해한 요소를 제거하기 위해서 또 다른 유해한 요소를 첨가한다.
- 유해한 요인이 더 이상 유해하지 않을 때까지 그것을 강화한다.

예
- 레모네이드
- 폐기물의 열을 사용하여 전기를 발생시킨다.
- 폐기물 재활용
- 부식성 용액에 완충물질을 첨가한다.
- 잠수할 때 공기와 질소 혼합물로부터 질소의 마취 성분과 산소의 독성을 제거하기 위해서 헬륨 산소 혼합물을 사용한다.

- 산불이 났을 때 땔감을 제거하기 위해서 반대쪽에 불을 지른다.

[원리 23] 피드백(Feedback)

설명
- 공정을 개선하기 위해서 피드백을 이용한다.
- 기존의 피드백의 본질을 변화시킨다.

예
- 통계적 공정관리(SPC)
- 오디오 회로에서 자동 볼륨 제어
- 항공기가 공항으로부터 5마일 이내에 있을 경우 자동조종장치의 민감도를 변화시킨다.
- 냉방을 할 때 에너지의 효율을 위해서 자동 온도조절 장치의 민감도를 변화시킨다.
- 무게를 소리로 변화시킨다.
- 빛 대신 전기신호를 이용한 망원경

[원리 24] 중간 매개물(Intermediary)

설명
- 중간 매개체 혹은 중간 공정을 사용한다.
- 쉽게 제거될 수 있는 물체를 임시로 물체에 결합한다.

예
- 해머와 못 사이에 사용되는 목수의 못 박는 기구
- 뜨거운 접시를 식탁에 옮기는데 사용되는 용기 받침

[원리 25] 셀프서비스(Self-service)

설명
- 보조기능을 수행함으로써 물체가 자신에게 서비스하도록 한다.
- 쓰레기 자원, 에너지를 이용한다.

예
- 할로겐 램프는 사용하는 동안 필라멘트를 재생한다. 증발된 물질이 다시 부착된다.
- 전기를 발생시키기 위해서 공정으로부터 발생하는 열을 이용한다.
- 엔진의 열을 이용한 난방
- 동물의 배설물을 비료로 사용한다.
- 퇴비를 만들기 위해서 음식물과 잔디 쓰레기를 이용한다.

[원리 26] 대체 수단(Copying)

설명
- 비싸고, 깨지기 쉽고, 이용하기 어려운 물체 대신 간단하고 값싼 복제품을 이용한다.
- 빛의 복사를 사용하여 물체나 공정 등을 관찰한다.
- 빛의 복사 대신 자외선이나 적외선 복사를 이용한다.

예
- 보안 시스템의 침입자나 곡물의 질병 등과 같은 데서 열원을 감지하기 위해서 적외선 이미지를 사용한다.
- 컴퓨터를 통한 가상현실
- 세미나에 참가하는 대신 오디오 테이프를 듣는다
- 화성 표면의 사진을 조사한다.
- 사진의 크기를 측정함으로써 물체의 크기를 측정한다.
- 태아의 건강을 알아보기 위해서 소노그래프를 이용한다.

[원리 27] 일회용품(Cheap short-living objects)

설명
- 비싼 물체를 값싼 물체로 교체한다.

예
- 기저귀의 세탁 비용을 없애기 위해서 1회용 기저귀를 사용한다.
- 모든 1회용 제품

[원리 28] 기계식 시스템의 대체(Replace a mechanical system)

설명
- 기계적인 방법을 감각(빛, 소리, 냄새)을 이용하여 대체한다.
- 물체와 작용하는 전기, 자기, 전자기장을 이용한다.
- 정적인 장을 동적인 장으로, 비구조적인 장을 구조적인 장으로 변화시킨다.

예
- 개나 고양이의 침입을 막기 위해 물리적 울타리 대신에 음향 울타리로 대체한다.
- 가스 누출을 알 수 있도록 기계나 전자장치를 이용하는 대신에 독한 냄새가 나는 성분을 사용한다.
- 액체의 밀도를 변화시키기 위해서 자성 물질을 사용한다.
- 자기장을 이용한 자기부상열차
- 자기장을 사용하여 강자성 물질을 포함한 물질을 가열한다. 온도가 퀴리점(자기 변태가 일어나는 온도)을 초과할 때 그 물질은 상자성 물질이 되어 더 이상 열을 흡수하지 않는다.

[원리 29] 공압 및 수압(Pneumatics and hydraulics)

설명
- 고체 대신에 기체나 액체를 이용한다.

예
- 겔로 채워진 신발 밑창
- 유체 시스템에서 바퀴를 감속시킬 때 에너지를 저장하여 나중에 가속할 때 재사용한다.

[원리 30] 연한 껍질이나 얇은 막(Flexible shells and thin films)

설명
- 3차원 구조 대신에 유연한 쉘이나 얇은 필름을 이용한다.

- 물체를 유연한 쉘이나 얇은 필름을 이용하여 외부 환경과 격리시킨다.

예
- 물침대
- 겨울에 테니스코트 보호용으로 부풀릴 수 있는 커버를 이용한다.
- 저수지의 증발을 막기 위해서 양극성 물질(한쪽은 친수성, 다른 한쪽은 소수성)의 필름을 띄운다.
- 식물의 잎으로부터 물이 빠져나가는 것을 방지하기 위해서 중합체를 뿌린다.

[원리 31] 다공성 소재(Porous materials)

설명
- 물체를 다공성으로 만들거나 다공성 물질을 첨가한다.
- 만일 물체에 구멍이 있다면, 더 작은 구멍을 이용한다.

예
- 무게를 줄이기 위해서 구조물에 구멍을 뚫는다.
- 수소를 팔라듐 스폰지의 구멍에 저장한다(수소자동차의 연료탱크 수소가스를 저장하는 것보다 훨씬 안전하다).

[원리 32] 색상 변화(Color changes)

설명
- 물체나 외부 환경의 색을 변화시킨다.
- 물체나 외부 환경의 투명도를 변화시킨다.

예
- 암실에서 붉은 빛을 이용하여 사진을 현상한다.
- 반도체 공정에서 투명한 물질을 고체 마스크로 변화시키기 위해서 석판인쇄를 사용한다.
- 투명한 붕대

[원리 33] 동질성(Homogeneity)

설명
- 똑같은 재료 혹은 동일한 특성을 갖는 물체와 상호 작용하는 물체를 만든다.

예
- 용기와 내용물이 반응하는 것을 방지하기 위해서 내용물과 같은 재료의 용기를 사용한다.
- 다이아몬드는 다이아몬드로 만든 절단 도구를 이용하여 자른다.

[원리 34] 폐기 또는 복구(Discarding and recovering)

설명
- 기능을 수행했거나 더 이상 필요하지 않은 물체는 증발되거나 용해되어 없어진다.
- 물체의 소모되는 부분을 작동 시에 회복한다.

예
- 녹는 알약 캡슐
- 얼음 구조 : 임시 둑과 같이 땅을 임시로 다지기 위해서 얼음이나 드라이아이스

를 이용한다. 땅을 채우고 나면, 나중에는 얼음이 녹거나 승화하여 없어진다.
- 저절로 날이 갈리는 잔디 깎기
- 주행 중에 스스로 튠업되는 자동차 엔진

[원리 35] 모수변화(Parameter changes)

설명
- 물체의 물리적 상태를 변화시킨다(고체, 액체, 기체).
- 농도를 변화시킨다.
- 유연성의 정도를 변화시킨다.
- 온도를 변화시킨다.

예
- 시럽이 들어있는 초콜릿사탕의 제조 시럽을 얼린 후 액체 초콜릿에 잠시 담근다.
- 산소, 질소 등을 수송할 때 부피를 줄이기 위해서 액체 상태로 운반한다.
- 액체 비누는 덩어리 비누보다 농도가 진하고 점도가 높다. 또한 여러 사람이 사용할 때 좀더 위생적이고 적정량을 따르기가 쉽다.
- 유연성과 내구성을 증가시키기 위해서 고무를 고온에서 유황으로 처리한다.
- 강자성체를 상자성체로 변화시키기 위해서 퀴리점 이상으로 온도를 올린다.
- 음식을 요리하기 위해서 온도를 올린다(맛, 향기, 구조 등의 변화).
- 의학용 표본을 낮은 온도에서 보관한다.

[원리 36] 상태 전이(Phase transitions)

설명
- 상태 전이시 발생하는 현상을 이용한다(부피 변화, 열손실 또는 흡수).

예
- 물은 다른 액체와는 달리 얼면 부피가 팽창한다.
- 폐쇄 열역학 사이클의 기화열과 응고열을 이용한 열펌프

[원리 37] 열팽창(Thermal expansion)

설명
- 물질의 열팽창을 이용한다.
- 열팽창이 사용되고 있다면 다른 열팽창 계수를 갖는 여러 개의 물질을 사용한다.

예
- 부품을 단단하게 조립하기 위해서 안에 들어갈 부분은 냉각시키고, 밖에서 싸는 부분은 가열하여 조립한다.
- 자동차의 리프스프링
- 바이메탈

[원리 38] 강한 산화제의 이용(Use strong oxidizer s)

설명
- 일반 공기를 산소가 많은 공기로 바꾼다.
- 일반 공기를 순수한 산소로 바꾼다.

• 공기나 산소를 이온화한 방사선에 노출시킨다.
• 이온화된 산소를 사용한다.
• 오존화된(또는 산화된) 산소를 오존으로 바꾼다.

예 • 잠수용 산소통
• 산소 아세틸렌 토치를 사용하여 고온으로 철근을 절단한다.
• 환자를 고압산소 환경에서 치료하면 박테리아를 죽일 수 있다.
• 공기청정기에서 오염 물질을 골라내기 위해서 공기를 이온화 한다.
• 사용하기 전에 가스를 이온화함으로써 화학반응 속도를 높인다.

[원리 39] 불활성 환경(Inert environment)

설명 • 정상적인 환경을 불활성 상태로 만든다.
• 공정을 진공 상태에서 진행한다.

예 • 아르곤 기체를 이용하여 뜨거운 금속 필라멘트의 파손을 막는다.
• 창고에서 솜에 불이 붙는 것을 방지하기 위해서 창고로 옮길 때 불활성가스로 처리한다.

[원리 40] 복합재료(Composite materials)

설명 • 복합재료를 이용한다.

예 • 비행기 동체의 복합재료는 가볍고 강하고 유연하다.

8.4 표준 해결책

표준해는 40가지 발명 원리로 해결이 어려운 문제를 해결하기 위하여 알트슐러와 그의 동료들에 의해 1975년과 1985년 사이에 76가지로 정리되었다. 76가지 표준해는 물질-장(Substance-Field) 분석을 문제의 유형별로 나누어 정리한 것이다. 이 분석은 시스템의 문제를 모델링하기 위한 TRIZ의 분석도구라고 간단히 설명할 수 있다. 표준 해결책 유형은 다섯 클래스로 나누어져 있다(황희수, 2003).

• 클래스 1 : 거의 변화가 없거나 약간의 변화를 통해 시스템을 개선(13개 해결책)
• 클래스 2 : 시스템 변경을 통해 개선(23개 해결책)
• 클래스 3 : 시스템의 천이(6개 해결책)

- 클래스 4 : 감지와 측정(17개 해결책)
- 클래스 5 : 단순화와 개선을 위한 전략(17개 해결책)

표준 해결책은 40가지 발명 원리로 해결하기 어려운 문제를 해결할 때 쓰는 도구로 이해하기 어려운 점이 있다. 하지만 표준 해결책은 TRIZ의 고급 도구로 강력하고 체계적인 사고를 형성하는데 도움을 준다

8.5 ARIZ(Algorithm for Inventive Problem Solving)

아리즈(ARIZ, Algorithm for Inventive Problem Solving)는 TRIZ의 방법론들을 체계화 해놓은 알고리즘이다. 아리즈는 트리즈의 마지막 단계로 사용하는 도구이다. 아리즈는 분석 단계에 역점을 둔 사고 프로세스인데, 1960년대부터 지속적으로 발전되어 오고 있다. 아리즈는 개발된 년도를 뒤에 붙여서 버전을 표시하여 ARIZ-61, ARIZ-71 등으로 표시한다. 현재는 ARIZ-85까지 나와 있다.

ARIZ-85는 문제 분석, 자원 분석, 이상 해결책과 물리적 모순의 정의, 물질장-자원의 활용, 지식 DB의 활용, 문제의 변경 혹은 재구성, 물리적 모순 해결 방법 분석, 도출된 해결안의 적용, 문제해결 과정 분석의 총 9단계로 나누어져 있으며 각 단계는 3~7개의 세부 단계를 가진다. 이러한 과정을 통해서 ARIZ는 발명자가 창의적이고 체계적인 해결책에 접근하도록 도와준다.

8.6 ASIT(Advanced Systematic Inventive Thinking)

가. ASIT 의 개요

ASIT은 예루살렘 공과대학 교수인 호로위츠(Dr. Roni Horowitz) 박사에 의해 개발된 창의성 개발 프로그램이다. 트리즈는 알트슐러의 많은 제자들에 의해 페레스트로이카 이후 서방세계에 알려지게 되었는데, 이 트리즈 이론은 각 연구자의 생각에 맞게 여러 가지 형태로 변형되어 개발되었다. ASIT는 이러한 변형된 트리즈의 한 형태이다. 이 프로그램의 핵심은 트리즈에서 나오는 많은 원리와 효과들을 주로 사용

되는 것 위주로 재편한 것이다. 즉, 트리즈의 이상적 해결책을 한정된 세계의 원리로, 모순이라는 개념을 관계 변화의 원리로 설명했으며, 트리즈의 40가지 원리 중 자주 사용되는 원리를 뽑아 5가지 문제 해결 기법으로 정리한 것이다.

나. TRIZ에서 ASIT으로

1) 제1단계 : 이상적인 해결책 ➡ 한정된 세계의 원리

창의적인 해결책에는 전형적으로 나타나는 특징이 있는데, 이것은 창의적인 해결책들은 문제의 세계(Problem world)에 새로운 요소의 추가 없이 문제를 해결한다는 것이다. 이것은 트리즈 이론의 자원이라는 개념과 유사한 개념이다. 트리즈에서도 문제를 해결할 경우 가능한 제3의 요소를 도입하는 것을 권장하지 않고 있다. 만약 어쩔 수 없이 제3의 요소를 도입해야 한다면 문제에 있는 요소를 변형하여 이용하도록 하고 있다. 예를 들어 문제의 요소에 물이 있다면 이것의 변형 요소인 얼음을 이용한다는 것이다. 이러한 트리즈의 개념을 ASIT에서는 한정된 세계의 원리라고 부르며 ASIT의 두 가지 중요한 원리 중 한 가지가 되는 것이다. 따라서 ASIT에서는 현재 있는 문제에서 문제 요소와 주변 요소를 구별하여 정리하는 것을 매우 중요하게 생각하며 이것을 정리하는 것이 ASIT의 첫 단계가 된다.

2) 제2단계 : 모순의 극복 ➡ 관계 변화의 원리

모순이라는 개념은 트리즈에서 가장 중요한 개념 중의 하나로, 트리즈의 중요한 목표가 모순을 극복하는 것이다. 이 모순이라는 개념이 ASIT에서는 관계 변화의 원리로 설명된다. 일반적으로 문제를 일으키는 '악화 요인'과 그로 인해 발생되는 '원하지 않는 결과' 사이에는 비례하는 관계가 성립하는데 이것을 반비례하는 관계로 만들거나 무관한 관계로 만들어 내도록 해결책을 마련하는 것이다. 예를 들어 군중들이 데모를 하는 경우 바리케이트를 설치하여 이를 막는데, 군중이 많으면 많을수록(악화 요인) 바리케이트는 넘어지기 쉽다(원하지 않는 결과). 이런 문제를 해결하기 위해서 바리케이트를 책꽂이 형태로 만들면 군중이 많으면 많을수록 넘어지지 않게 된다.

3) 제3단계 : 40가지 발명 원리 ➡ 5가지 기법

호로위츠 박사는 트리즈가 다음과 같은 문제점이 있다고 지적하였다. ASIT에서 지적하는 트리즈의 문제점은 다음과 같다.

1. 일반적인 문제 이외에 상당히 특정한 문제에만 적용되는 원리들이 있다.
2. 활용 빈도 차원에서 볼 때 일부 원리는 매우 자주 쓰이지만 다른 몇 개의 원리는 거의 사용되지 않는다.
3. 원리의 수가 너무 많아 40가지 모두를 적용하기 매우 어렵다.

트리즈는 40가지 원리를 '모순 행렬표'로 조직화하였다. 문제 내에 존재하는 모순의 유형을 찾아내 상호 갈등을 일으키는 물리적 매개 변수로 묶은 뒤, 이 유형들끼리 짝을 지어 몇 개의 소단위 원리로 구성하였다. 이렇게 한 결과 다음과 같은 문제들이 발생하였다.

a) 변수를 식별하는 데 시간이 많이 걸리며 해결하지 못할 경우 좌절감을 느끼게 된다.
b) 변수들이 공학적인 문제와 관련이 있어 이를 정확히 유추하지 못하는 경우에는 문제 해결이 어렵다.
c) 트리즈를 익히는데 시간이 너무 많이 소요된다.

이러한 트리즈의 문제점을 해결하기 위해서 ASIT에서는 40가지 발명 원리를 용도 변경(Unification), 복제(Multiplication), 분할(Division), 대칭 파괴(Breaking Symmetry), 제거(Object Removal)의 다섯 가지로 요약하였다.

이러한 ASIT의 기법은 간단하다는 장점이 있는 반면 트리즈의 일부분만을 보여준다는 비판이 존재하기도 한다. 이 방법의 개발자인 호르위츠 박사도 ASIT은 TRIZ를 대체하는 것이 아닌, TRIZ를 보완하는 것으로 보아야 하며, 사람에 따라 ASIT을 이용한 후 TRIZ를 이용하는 것이 적합한 사람이 있으며 또 반대의 경우도 있다고 한다(김준식, 2003).

8.7 CID(Creative Image Development)

ASIT이 일반인을 대상으로 TRIZ를 쉽게 가르치기 위해 개발되었다면, CID는 어린이를 대상으로 TRIZ의 개념을 교육시키기 위해 개발된 교재이다. 현재 트리즈를 학생들의 교육에 활용하는 국가는 러시아이다. 트리즈를 만든 알트슐러는 말년에 트리즈를 이용한 발명과 창의성 교육에 많은 관심을 두고 바쿠(Baku)에 트리즈 학교를 세웠다. 이 트리즈 학교를 모델로 많은 트리즈 관련 학교들이 세워졌으며 CID 자료는 이들 학교 중 Petrozavodsk에 있던 트리즈 학교에서 초등 1학년부터 3학년까지의 교육 과정에 사용되는 교재이다.

8.8 기타 TRIZ 관련 이론

이외에도 TRIZ와 ASIT을 기초로 개발된 USIT(Unified Structured Inventive Thinking), 독일에서 개발된 MAI(Meta-Algorithm of Inventing) 등 많은 TRIZ의 유파들이 있다. 이들 대부분은 TRIZ를 개발자의 입장에서 보다 쉽게 이용하고자 하는 방향으로 개발되어 왔으나 아직까지 학계의 전반적인 인정을 받고 있지는 못하고 있다. 하지만 이러한 이론의 개발 방향이 공학적이거나 기술적인 문제의 해결에 초점이 맞추어져 있음을 간과해서는 안 될 것이다.

P•a•r•t•2

창의 공학 설계 활동

Chapter 9 물추진 자동차

9.1 물추진 자동차 제작 프로젝트 개요

풍선에 공기를 불어 넣은 후 손을 떼면 풍선은 움직이기 시작한다. 로켓의 원리도 풍선의 움직임과 같이 설명할 수 있으며, 이는 작용, 반작용의 원리 때문이다.

물추진 자동차는 작용, 반작용의 원리를 이용하여 PET병을 이용하여 제작하며, PET병의 연료통에 물과 압축된 공기를 넣고 물과 압축된 공기가 분출되는 작용과 이에 대한 반작용의 힘에 의해 자동차가 발사되어 굴러가게 된다. 물추진 자동차의 제작은 재료의 준비, 제작 원리, 제작 과정이 과학적 원리와 기술적 수단을 응용하는 것을 바탕으로 한다.

이 프로젝트에서는 창의적인 설계를 통하여 자동차의 디자인 및 각 부품들의 모양, 크기가 잘 이루어져 좋은 기능을 발휘할 수 있는 물추진 자동차를 창의적으로 설계하여 제작한다.

9.2 프로젝트 과제

PET병을 활용하여, 물과 공기 압력의 추진력을 동력원으로 사용하는 물추진 자동차를 제작한다.

제작된 물추진 자동차의 성능은 물추진 자동차 발사의 방향으로 일직선으로 가장 멀리 이동한 거리로 평가한다.

이를 위하여, 제작할 때는 자동차의 모양, 크기, 디자인 등을 고려해야 된다.

9.3 소요 재료 및 공구

구 분	내용 및 규격
재료	1.5L PET 병 10개(연료 탱크, 바퀴, 몸체 제작), 자동차 축용 철사나 나무(φ5×400mm) 2개, 스티로폼(또는 고무) 캡, 마찰 고무 밴느(타이어 미끄러짐 방지), 칼라 절연 테이쁘(다양한 색상), 바퀴 고정 휠, 글루건 심 등
공구	커트칼, 가위, 롱 노스 플라이어(또는 펜치), 송곳, 발사대, 압축 펌쁘, 전기 인두, 둥근 줄, 느릴 머신, 느릴, 글루건 등

9.4 아이디어 탐색 1: 물추진 자동차의 원리

로켓 추진 원리에 비교하여 물추진 자동차의 원리(물과 공기 압력 추진의 원리)에 대하여 조사한 뒤 비교 정리하라.

9.5 아이디어 탐색 2: 물추진 자동차 설계시 고려사항

물추진 자동차 설계시 고려해야할 사항(특히, 바퀴, 차체, 추진체, 날개 등)에 대하여 서술하고 스케치를 통하여 구상하라.

9.6 물추진 자동차 설계

제작하고자 하는 물추진 자동차의 설계도(제작도)를 그려라.

제작하고자 하는 물추진 자동차의 설계도(부품도)를 그려라.

9.7 물추진 자동차 제작 및 테스트

주어진 재료와 공구를 사용하여 설계도에 따라 물추진 자동차를 제작한다.

제작된 물추진 자동차를 테스트한다. 그리고 문제점이 발견되면 수정 및 보완하여 제품을 완성한다.

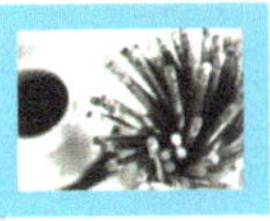

물추진 자동차를 제작하면서 발생한 문제점, 개선점, 수정 사항 및 주의 사항 등을 정리하라.

9.8 프로젝트 활동 정리

물추진 자동차 만들기 프로젝트 활동을 통하여 느낀 점, 개선할 점, 주의해야 할 점 등을 기록하라.

9.9 프로젝트 활동 평가

가. 평가 반영 비율

영역	성능 평가	제품 평가	태도 평가	포트폴리오 평가	합계
배점	30	50	10	10	100
점수					

나. 성능 평가(30점)

영역	상위 20%	중상위 20%	중위 20%	중하위 20%	하위 20%
배점	30	25	20	15	10
점수					

다. 제품 평가(50점)

영역	평 가 항 목	평 가 점 수	
기능성 (20)	• 물과 공기의 압력을 사용하여 작동되는 자동차가 완성되었는가?	• 완벽하게 작동된다.	20
		• 원활하게 작동하는 편이다.	18
		• 작동이 원활하지 못하다.	16
		• 전혀 작동되지 않는다.	14
		• 일부 완성하지 못했다.	12
		• 전혀 완성하지 못했다.	10
견고성 (10)	• 완성된 자동차가 튼튼하고 견고하게 제작되었는가?	• 견고하고 튼튼하게 제작되었다.	10
		• 튼튼하기는 하지만 구조적으로 부족하다.	8
		• 견고하지 못하지만, 모양은 유지하고 있다.	6
		• 완전한 구조를 갖추지 못했다.	4
심미성 (10)	• 자동차에 사용된 재료가 적당하고 저렴하게 사용되었는가?	• 누구나 갖고 싶도록 아름답게 제작하였다.	10
		• 예쁜 모양을 시도하였으나 조금 부족하다.	8
		• 일반적인 자동차의 모양과 구조를 이룬다.	6
		• 아름다운 모양을 시도했으나 미완성이다.	4

영역	평 가 항 목	평 가 점 수	
경제성 (10)	• 자동차의 모양이 보기 좋은가?	• 주어진 재료를 아끼고 최소로 사용하였다.	10
		• 재료는 적게 사용하였으나 구조에 부족함이 있다.	8
		• 주어진 재료를 모두 사용하였다.	6
		• 재료가 부족하여 더 지급 받아 사용하였다.	4
	합 계		

라. 태도 평가(10점)

참여도(3)	흥미를 보이며, 문제를 정확하게 인식하고 스스로 작업한다.	3
	문제 해결을 하려고 하며 다소 어려움이 있다.	2
	흥미가 없고, 문제 해결에서 빗나간다.	1
학습과 지식(2)	지식과 학습을 관련시키고, 지식의 전달과 표현을 잘 한다.	2
	정보를 찾을 수 있고, 요구한 지식을 찾을 수 있다.	1
	무엇을 찾아야 할지 모르고, 지식 전달이 잘 안 된다.	0
과정(3)	적합한 전략을 찾아 도전하고 변화와 창의성이 돋보인다.	3
	문제 해결 과정이 불확실하고, 좌절하지만 도움을 구한다.	2
	문제를 잘 잊고, 포기하며, 의욕이 없다.	1
표현 정도(2)	과정과 생각을 조직적으로 완벽하게 전달한다.	2
	몇 가지를 설명할 줄 알지만 조직적인 표현이 부족하다.	1
	문제와 과정을 전달하는데 어려움이 많고 부정확하다.	0
합 계		

마. 포트폴리오 평가(10점)

• 조직적이고 계획적으로 정리되어 있어 수업 과정을 모두 파악할 수 있다.	10
• 정리는 깔끔하게 되어 있으나 수업 과정의 기록이 조금은 부족하다.	8
• 깔끔하기는 하지만 수업 과정의 기록이 미흡하다.	6
• 수업 과정의 내용을 기록하지 않았다.	4
• 수업 과정을 기록하지 않았고, 관리 상태도 미흡하다.	2
합 계	

9.10 물추진 자동차 제작을 위한 팁: 제작 과정 예시

가. 제작 순서 설명

1) 추진체 만들기

PET병 2개를 이용하여 하나는 물과 압축 공기가 들어갈 연료 탱크(엔진)로 사용하고, 다른 하나는 앞 부분과 중앙 부분을 절개하여 앞 탱크와 뒷 부분의 스커트로 사용한다. 앞 탱크, 연료 탱크(엔진), 스커트 부분을 접착하여 추진체를 완성한다. PET병을 자를 때는 가위나 열선 커터기를 활용한다.

2) 바퀴 만들기

PET병 8개를 활용하여 앞바퀴와 뒷바퀴를 만든다. 바퀴의 크기나 모양은 다양하게 설계할 수 있다.

3) 날개 만들기

바퀴를 만들고 남은 부분으로 방향타 역할을 하는 날개를 만든다.

4) 구멍 뚫기

바퀴의 축이 통과할 수 있도록 하기 위하여 바퀴와 추진체 앞, 뒤에 구멍을 뚫는다. 구멍 뚫기 작업을 하면서 앞, 뒤 축이 수평을 이루어야 함에 유의한다. 구멍을 뚫을 때에는 드릴 미신을 활용하며, 연료 탱크에 구멍을 뚫지 않도록 유의한다.

5) 축의 고정

추진체, 바퀴, 축을 연결하고, 바퀴가 빠져 나가지 않도록 테이프나 기타 고정자를 이용하여 마무리한다.

6) 날개 부착

추진체에 날개를 견고하게 고정시킨다.

7) 마무리 작업

8) 주행 시험

발사 기구는 발사대와 발 펌프(또는 컴프레서)를 활용한다. 물의 양과 압력을 조절하여 최적의 주행 조건을 찾는다(단, 공기 압력은 안전을 고려하여 35psi 정도로 주행 시험을 하도록 함).

나. 제작 순서 그림

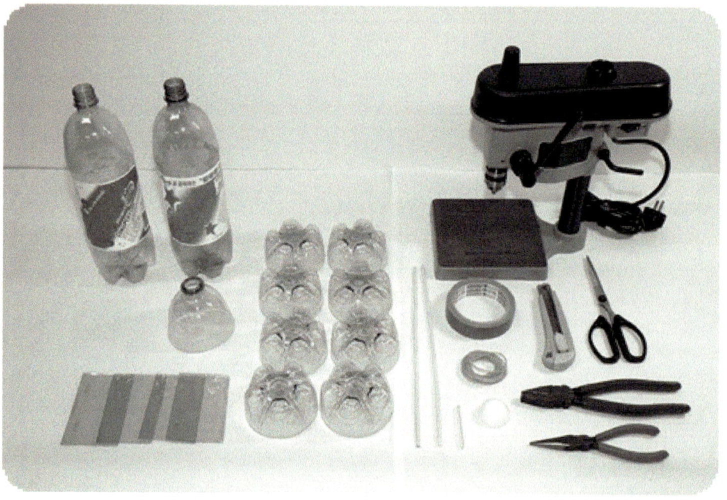

〈그림 9-1〉 전체 부품

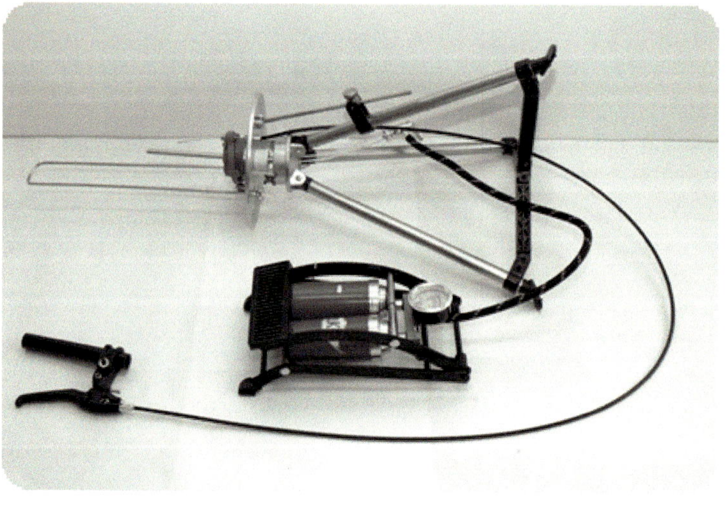

〈그림 9-2〉 발사대와 발사 펌프

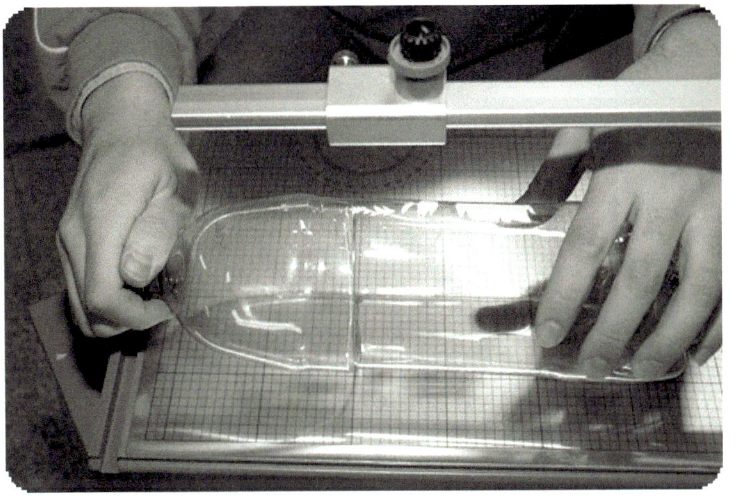

〈그림 9-3〉 열선 커터기로 PET병 자르기(앞 탱크 부분)

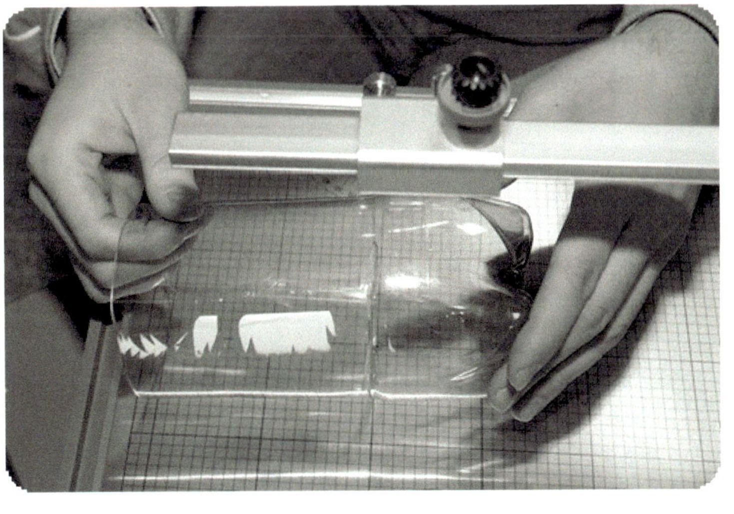

〈그림 9-4〉 열선 커터기로 PET병 자르기(스커트 부분)

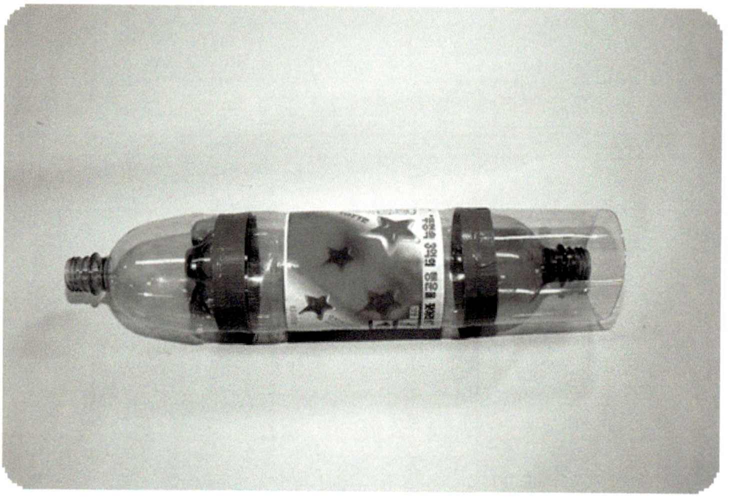

〈그림 9-5〉 연료통과 몸체 부착

〈그림 9-6〉 축 조립을 위한 드릴 작업

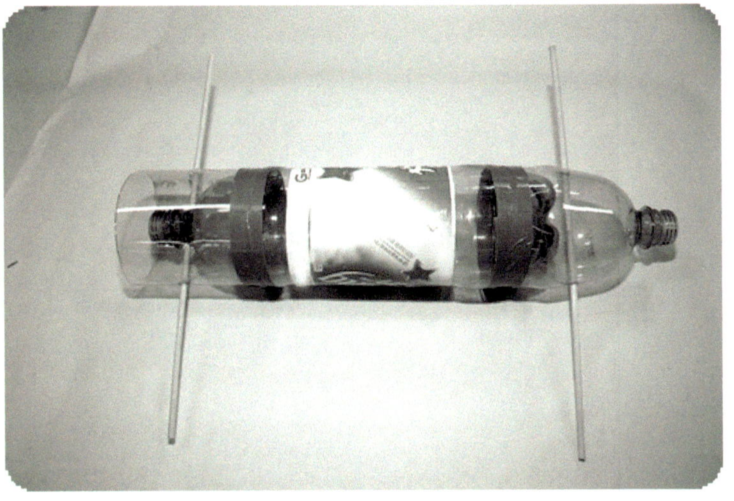

〈그림 9-7〉 앞축과 뒤축 연결

〈그림 9-8〉 바퀴 4개에 드릴 작업

〈그림 9-9〉 1차 조립

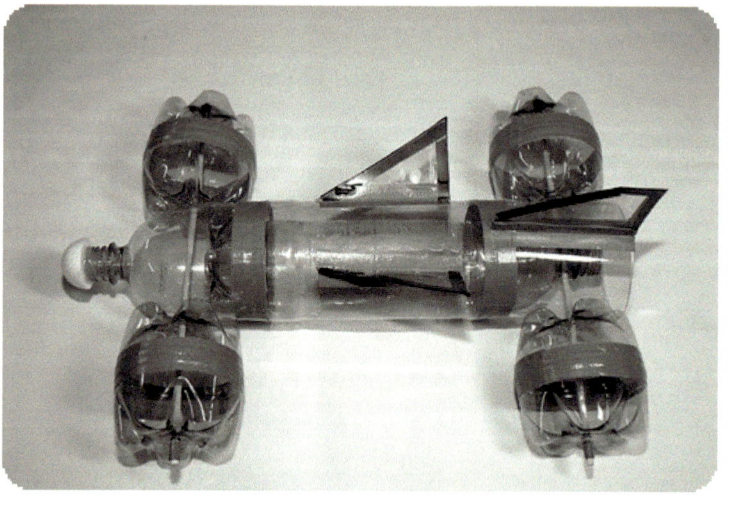

〈그림 9-10〉 최종 완성품

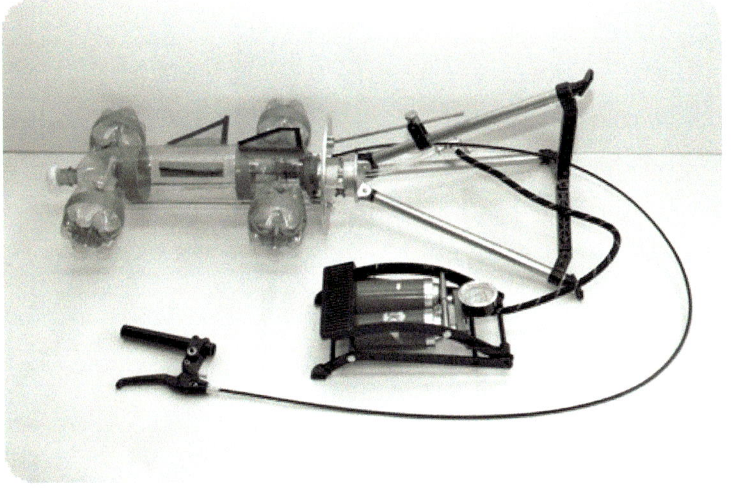

〈그림 9-11〉 최종 완성품을 발사대에 연결

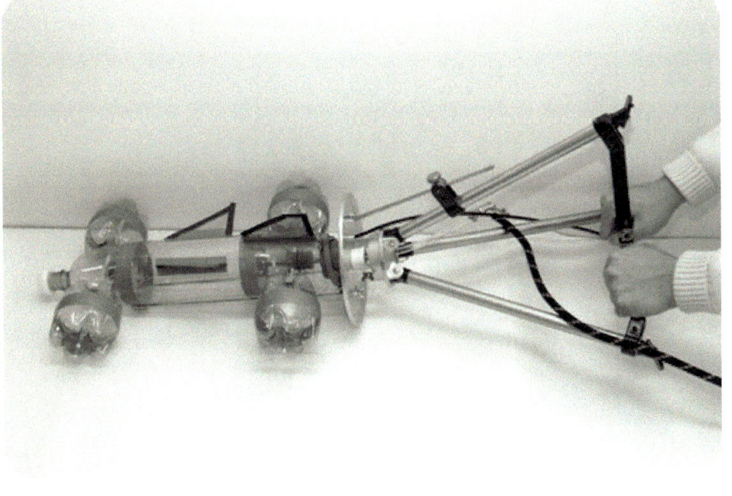

〈그림 9-12〉 발사 장면

9.11 관련 지식

가. 작용과 반작용의 법칙

물추진 자동차는 로켓의 추진 원리를 이용한 것이다. 로켓의 추진 원리는 뉴턴의 운동법칙인 제1법칙(관성의 법칙), 제2법칙(가속도의 법칙), 제3법칙(작용반작용의 법칙) 중에서 제3법칙의 작용과 반작용의 법칙을 이용한 것이다. 풍선에 공기를 불어 넣은 후 손을 떼면 풍선이 움직이기 시작하는 것처럼 로켓의 원리도 풍선처럼 작용 / 반작용의 원리로 작동하게 된다. 로켓의 추진 시스템은 자체 내에 추진제(연료+산화제: propellant)를 저장하고 외부의 공기를 필요로 하지 않을뿐더러 비행 속도나 제트의 속도에 관계없이 작용과 반작용에 의해서 가속된다. 그렇기 때문에 이론상으론 무한히 높은 비행 속도를 얻을 수 있다. 그러므로 산소가 없는 우주 공간에서는 로켓의 방식이 유일한 추진 방식인 것이다.

작용과 반작용 법칙은 A물체가 B물체에게 힘을 가하면(작용) B물체 역시 A물체에게 똑같은 크기의 힘을 가한다는 것이다(반작용). 즉 물체 A가 물체 B에 주는 작용과 물체 B가 물체 A에 주는 반작용은 크기가 같고 방향이 반대이다. 작용 / 반작용 법칙의 예를 정리해 보면 다음과 같다.

- 로켓이 앞으로 날아갈 때
- 무중력 상태에서 우주인이 어떤 방향으로 가려고 할 때

〈그림 9-13〉 풍선을 활용한 자동차 추진 실험

- 총을 쏘면 총알이 앞으로 나가며 총이 뒤로 밀리는 경우
- 배를 탔을 때 노를 저어서 앞으로 나아가는 경우
- 두 사람이 서로 마주보면서 서로를 밀 때
- 지구와 달 사이에서 작용하는 만유인력
- 사과가 떨어질 때는 지구가 사과를 잡아당기는 중력이 존재한다. 이 중력을 작용이라고 하면, 사과가 지구를 잡아당기는 힘이 반작용이 됨
- 계란이 땅에 떨어질 때에 계란은 바닥에 충격을 주고 그만큼 충격을 받아서 깨지게 됨
- 헬리콥터가 날 때 헬리콥터 프로펠러가 돌아가면서 바람을 아래로 일으킨다. 즉, 헬리콥터의 날개가 공기를 아래로 밀어 내는 것이 작용의 힘이라면 공기는 그 힘만큼 헬리콥터를 위로 밀어 올리게 됨
- 달리기를 할 때 발로 땅을 밀어 내면, 땅은 그 힘만큼 반대로 달리기하는 사람을 밀어내게 됨
- 빙판에 있는 두 사람 중 한 사람이 상대편을 밀면 같은 힘이 상대편으로부터 자신에게 작용하여 결국 두 사람은 모두 반대 방향으로 미끌어지게 됨

나. 물추진 자동차의 원리

아래의 그림과 같이 PET병에 물을 넣고 공기를 불어 넣어 압축하면 공기의 밀도가 높아서 공기분사는 새어 나가지 못하고 PET병의 벽과 물의 수면에 압력을 가하게 된다. 그러다가 마개를 열어주면 물이 병의 입구쪽으로 일순간에 몰아치게 되는데 그

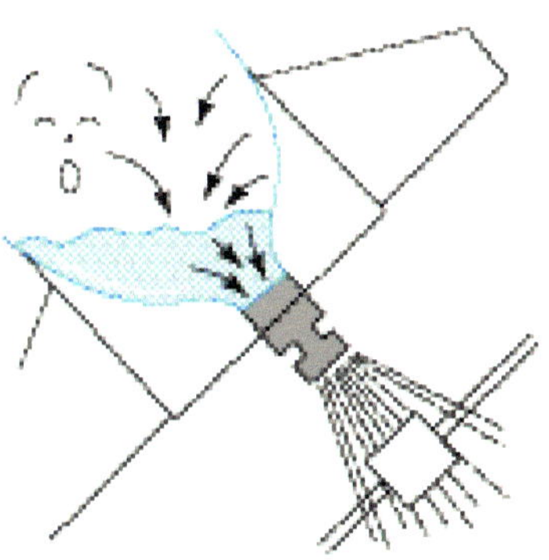

〈그림 9-14〉 물로켓의 원리

속도가 빨라져 엄청난 속도로 분사되는 것이다.

그러면 뉴턴의 제3법칙 "작용과 반작용의 힘은 같다"는 원리에 따라 PET병은 물이 분사되는 반대 방향으로 빠르게 분사되는 것이다. 그런데 이때 주의할 것은 물을 안 넣거나 너무 적게 넣으면 공기가 '픽'하고 빠지게 되고, 물을 너무 많이 넣으면 물이 들어 있는 PET병의 무게가 너무 무거워져서 비행을 얼마하지 못하게 된다. 그래서 1.5리터 PET병을 기준으로 했을 때 물의 량이 350~400cc 정도가 되게 해야 최대한의 비행 거리를 얻을 수 있다.

다. 방향 조절 날개(자동차 용어: 스포일러(spoiler))

비행기의 날개 이론을 자동차에 적용한 것이 스포일러(spoiler)이다. 그림에서처럼 차의 뒷 트렁크에 마치 비행기 날개처럼 붙어 있는 것을 말한다.

자동차의 측면 형상을 보면 프론트 범퍼 본네트의 위쪽은 볼록하고 아랫쪽은 상대적으로 평평한 구조를 지니고 있다. 자동차가 고속 주행을 하게 되면 위와 아래로 흐르는 유체의 흐름에 의해 순환(circulation)이 발생하고 이에 따른 양력(lift)이 발생할 수 있음을 쉽게 알 수 있다. 더구나 차량 중량의 많은 부분을 차지하는 엔진 및 트랜스미션 등이 있는 차의 앞부분에 무게중심이 있으므로 차의 후미 부분은 양력으로 인해 위로 뜨는 성질이 발생한다. 이는 차에 있어서 접지력을 감소시켜 제동력을 떨어뜨리고 주행 안정성을 해치는 결과를 낳게 되는 것이다.

〈그림 9-15〉 자동차의 리어 스포일러

차의 후미 스포일러는 비행기의 익형(airfoil)과는 반대의 형상과 성질을 이용한다. 즉, 비행기는 양력을 발생시켜 뜨려는 성질을 이용하지만 스포일러는 차의 뒷바퀴의 접지력을 향상시켜 고속 주행 중 발생하는 차체에 의한 양력을 상쇄시키는 역할을 하는 것이다.

차량이 주행하기 시작하면 공기는 차량의 본네트 위와 범퍼 아래쪽인 차체 아래로 분리되어 흐르게 된다. 차는 완전한 유선형이 아니므로 공기는 차량 끝의 트렁크 부분에 이르기 전에 경계층 박리가 일어나게 되는데, 경계층 박리가 일어나면 공기가 흐르는 최초의 부분인 프론트 범퍼 부위는 압력이 높고, 트렁크 부분의 박리 영역은 압력 회복이 완전히 되지 않으므로 압력이 저하되어 항력이 발생한다. 또 박리된 경계층은 와류를 형성하고 재 순환 영역이나 재 부착이 발생하여 뒷 유리창이나 뒷 트렁크 부분에 먼지나 빗물이 부착되는 현상을 유발시킨다. 스포일러는 차량의 경계층 박리점을 옮겨서 유체의 흐름을 원할히 하여 항력을 저감시키고 나아가 스포일러 자체의 위아래의 공기 흐름을 유발하여 고속 주행 중에 차량 뒷부분이 상승하는 것을 반대로 눌러주는 역할을 하는 것이다.

헤드폰

Chapter 10

10.1 헤드폰 제작 프로젝트 개요

현대를 살아가는 우리들에게 MP3, 핸드폰, 컴퓨터 등은 결코 낯선 것이 아니다. 이러한 제품들은 스피커라는 것을 사용하여 소리를 낸다. 일반적인 스피커의 개략적인 구조는 다음과 같다(박스에 조립하지 않은 상태의 스피커를 스피커 유니트(unit) 또는 드라이버(driver)라고 함).

스피커는 일반적으로 오른쪽 그림과 같은 구조의 무빙코일(moving coil) 스피커가 많이 사용된다. 특수하게는 정전형(electrostatic) 스피커와 리본(ribbon) 스피커, 압전형(piezoelectric) 스피커 등이 있고 최근 진동면이 얇은 박막형 스피커가 개발되고 있다.

스피커는 위와 같이 영구자석을 링으로 구성하고 자석의 상, 하에 각각 프론트 플레이트, 백 플레이트를 설치하여 폴피스와 함께 자기회로를 구성한다. 폴피스와 프론트 플레이트의 사이에 간격을 만들어 갭(gap)을 형성시키는데, 이곳에 보빈에 감은 보이스 코일을 설치하고 이를 지지하기 위하여 스파이더를 사용한다.

진동 면적을 넓혀 효율을 높이기 위하여 진동판을 보빈에 접착하며, 진동판은 스피커 프레임에 유연한 재료의 에지를 사용하여 지지한다. 진동판 가운데 부분에는 더스트 캡이라는 뚜껑을 씌우며, 진동판 형상 및 더스트 캡의 형상은 고음에서의 지향성, 분할 진동의 발생 등을 결정하는 요소가 된다.

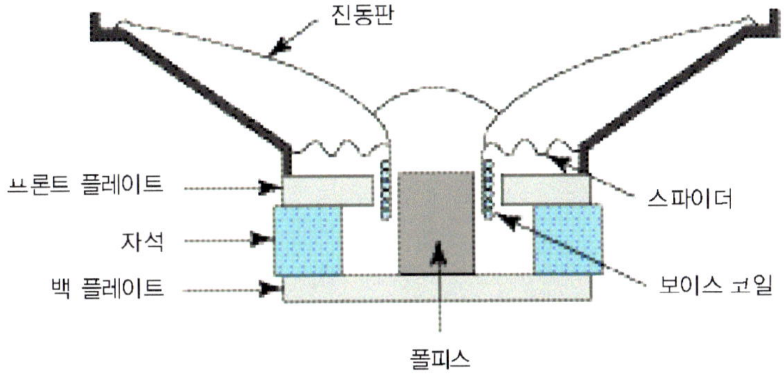

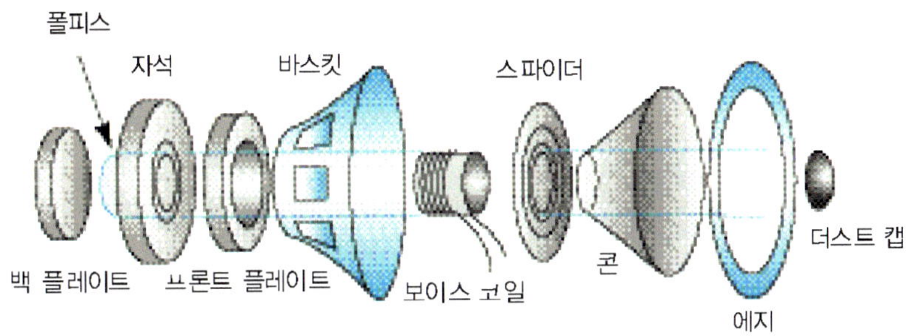

한편 자석과 폴피스의 위치가 바뀌어 폴피스 위치에 영구자석이 설치되고 자석 위치에 플레이트 링이 설치되는 경우도 있다.

가. 더스트 캡(Dust Cap)

스피커 내의 이물질이 들어가는 것을 막아 준다. 캡에 따라 음질에도 상당한 차이가 있으므로 중요한 역할을 한다고 할 수 있으나 가끔씩 음의 출력을 방해하는 경우도 있다.

나. 에지(Edge Surround)

콘지를 잘 떨리게 하는 것으로 부드럽고 탄성이 좋아야 한다. 예전에는 종이 에지를 사용했으나 현재는 고무 및 합성수지로 된 에지를 많이 사용한다.

다. 콘(Cone)

콘은 콘지, 진동판이라고도 부른다. 콘지가 떨려서 공기가 진동하여 소리가 나는 것이다.

라. 보이스 코일(Voice Coil)

음성신호를 받아 진동을 콘지로 전달시키는 것으로 가장 중요한 요소 중 하나이고 밀도가 높은 것일수록 좋은 제품이라 할 수 있다.

마. 바스킷(Bask et)

에지와 프레임 사이에 있으며, 고정시켜 주는 역할을 한다.

바. 프론트 플레이트(Fr ont Plate)

플레이트는 자력이 통과하는 길 역할을 하는 곳으로 전력이 잘 통하는 것을 원칙으로 한다.

사. 자석(Magnet)

가장 중심적인 역할을 하는 것으로 영구 자석을 써서 보이스 코일이 위아래로 움직이도록 하는 것이다. 자력의 밀도가 떨어지게 되면 음압 및 진동에 상당한 영향을 준다.

10.2 프로젝트 과제

스피커의 구조, 원리를 응용하여 헤드폰을 제작하라.

제작된 스피커의 성능은 헤드폰에서 정확한 정보 전달과, 가장 큰 소리가 나는 순으로 평가한다.

10.3 소요 재료 및 공구

구 분	내용 및 규격
재료	PET병 뚜껑 2개, 폼보느 1장, OHP 필름 1장, 네오디뮴 자석 2개, 에나멜 선, 접착제, 글루건 심, 스피커 잭, 와이어, 양면테이프 등
공구	납땜 장비, 롱 노스 플라이어, 라이터, 칼, 글루건, 펜치 등

10.4 아이디어 탐색 1: 스피커의 원리, 헤드폰의 종류

스피커의 원리와 헤드폰의 종류에 대하여 조사한 뒤 정리하라.

10.5 아이디어 탐색 2: 헤드폰 설계시 고려사항

헤드폰 설계시 고려해야할 사항에 대하여 서술하라.
특히, 스피커의 구조 설계를 스케치를 통하여 구성한다.

10.6 헤드폰 설계

제작하고자 하는 헤드폰의 설계도(제작도)를 그려라.

제작하고자 하는 헤드폰의 설계도(부품도)를 그려라.

10.7 헤드폰 제작 및 테스트

주어진 재료와 공구를 사용하여 설계도에 따라 헤드폰을 제작한다.

제작된 헤드폰을 테스트한다. 그리고 문제점이 발견되면 수정 및 보완하여 제품을 완성한다.

헤드폰을 제작하면서 발생한 문제점, 개선점, 수정 사항 및 주의 사항 등을 정리하라.

10.8 프로젝트 활동 정리

헤드폰 만들기 프로젝트 활동을 통하여 느낀 점, 개선할 점, 주의해야할 점 등을 기록하라.

10.9 프로젝트 활동 평가

가. 평가 반영 비율

영역	성능 평가	제품 평가	태도 평가	포트폴리오 평가	합계
배점	30	50	10	10	100
점수					

나. 성능 평가(30점)

영역	상위 20%	중상위 20%	중위 20%	중하위 20%	하위 20%
배점	30	25	20	15	10
점수					

다. 제품 평가(50점)

영역	평 가 항 목	평 가 점 수	
기능성 (20)	• 헤느폰이 완성되었는가?	• 헤느폰이 완벽하게 작동하고 소리도 크다.	20
		• 헤느폰이 완벽하게 작동은 하지만 소리가 작다.	18
		• 헤느폰이 원활하게 작동하는 편이다.	16
		• 헤느폰의 작동이 원활하지 못하다.	14
		• 헤느폰이 전혀 작동되지 않는다.	12
		• 전혀 완성하지 못했다.	10
견고성 (10)	• 완성된 헤느폰이 튼튼하고 견고하게 제작되었는가?	• 견고하고 튼튼하게 제작되었다.	10
		• 튼튼하기는 하지만 구조적으로 부족하다.	8
		• 견고하지 못하지만, 모양은 유지하고 있다.	6
		• 완전한 구조를 갖추지 못했다.	4
심미성 (10)	• 헤느폰의 모양이 보기 좋은가?	• 누구나 갖고 싶도록 아름답게 제작하였다.	10
		• 예쁜 모양을 시도하였으나 조금 부족하다.	8
		• 일반적인 헤느폰의 모양과 구조를 이룬다.	6
		• 아름다운 모양을 시도했으나 미완성이다.	4

영역	평 가 항 목	평 가 점 수	
경제성 (10)	• 헤드폰에 사용된 재료가 적당하고 저렴하게 사용되었는가?	• 주어진 재료를 아끼고 최소로 사용하였다.	10
		• 재료는 적게 사용하였으나 구조에 부족함이 있다.	8
		• 주어진 재료를 모두 사용하였다.	6
		• 재료가 부족하여 더 지급 받아 사용하였다.	4
	합 계		

라. 태도 평가(10점)

참여도(3)	흥미를 보이며, 문제를 정확하게 인식하고 스스로 작업한다.	3
	문제 해결을 하려고 하며 다소 어려움이 있다.	2
	흥미가 없고, 문제 해결에서 빗나간다.	1
학습과 지식(2)	지식과 학습을 관련시키고, 지식의 전달과 표현을 잘 한다.	2
	정보를 찾을 수 있고, 요구한 지식을 찾을 수 있다.	1
	무엇을 찾아야 할지 모르고, 지식 전달이 잘 안 된다.	0
과정(3)	적합한 전략을 찾아 도전하고 변화와 창의성이 돋보인다.	3
	문제 해결 과정이 불확실하고, 좌절하지만 도움을 구한다.	2
	문제를 잘 잊고, 포기하며, 의욕이 없다.	1
표현 전도(2)	과정과 생각을 조직적으로 완벽하게 전달한다.	2
	몇 가지를 설명할 줄 알지만 조직적인 표현이 부족하다.	1
	문제와 과정을 전달하는데 어려움이 많고 부정확하다.	0
합 계		

마. 포트폴리오 평가(10점)

• 조직적이고 계획적으로 정리되어 있어, 수업 과정을 모두 파악할 수 있다.	10
• 정리는 깔끔하게 되어 있으나 수업 과정의 기록이 조금은 부족하다.	8
• 깔끔하기는 하지만 수업 과정의 기록이 미흡하다.	6
• 수업 과정의 내용을 기록하지 않았다.	4
• 수업 과정을 기록하지 않았고, 관리 상태도 미흡하다.	2
합 계	

10.10 헤드폰 제작을 위한 팁: 제작 과정 예시

가. 제작 순서 설명

1) 병뚜껑에 에나멜선 감기

2개의 PET병 뚜껑에 에나멜선을 각각 20번 정도 감는다.

2) 전선의 에나멜 태워 없애기

에나멜선 끝부분 3cm 정도를 라이터(또는 성냥)를 사용하여 태워 없앤다.

※ 에나멜선이란? 구리선에 절연성 에나멜을 구워 붙여서 절연시킨 전선이다. 따라서 에나멜선의 경우 전류를 흐르게 하려면 불로 태우거나 사포로 문질러 피복을 벗겨야 한다.

3) 폼보드 마름질하기

원하는 헤드폰 형상을 폼보드에 원하는 모양으로 스케치하고 칼로 잘라 만든다.

4) 폼보드에 OHP 필름(떨림판 역할) 붙이기

5) 폼포드에 자석붙이기

OHP 필름 위에 얇고 둥근 헤드폰용 자석인 네오디뮴 자석을 붙인다.

6) 폼포드에 병뚜껑 붙이기

폼보드 위에 OHP 필름과 자석을 붙인 후 그 위에 에나멜선을 감은 병뚜껑을 붙인다.

7) 전선 피복 잘라내기

스피커 잭의 끝부분을 롱 노즈 플라이어를 사용하여 전선 피복을 3cm 정도 벗겨낸다.

8) 납땜하기

피복 벗긴 전선 2가닥과 뚜껑에 감은 에나멜선 2가닥을 각각 납땜한다.

9) 와이어 가공하기

와이어를 가지고 자신의 머리에 착용할 수 있도록 만든다.

10) 와이어에 폰 장착하기

와이어에 폰을 부착(글루건이나 본드 사용)하여 헤드폰을 완성한다.

11) 마무리 작업

12) 시험하기

라디오에 스피커 잭을 꼽아 소리가 들리는지를 시험한다.

나. 제작 순서 그림

〈그림 10-1〉 전체 부품

〈그림 10-2〉 병뚜껑에 에나멜선 감기

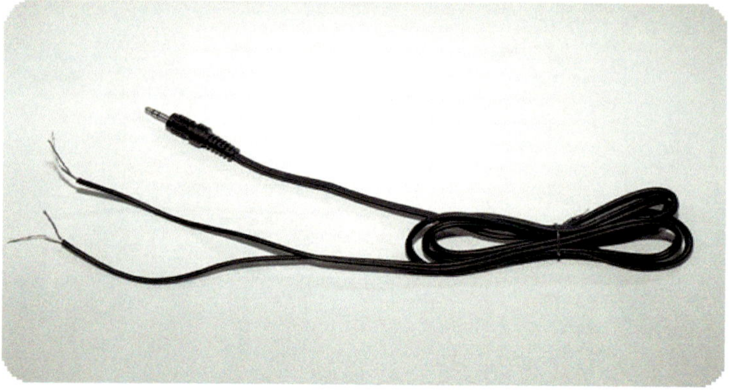

〈그림 10-3〉 스피커 잭의 전선 피복 작업

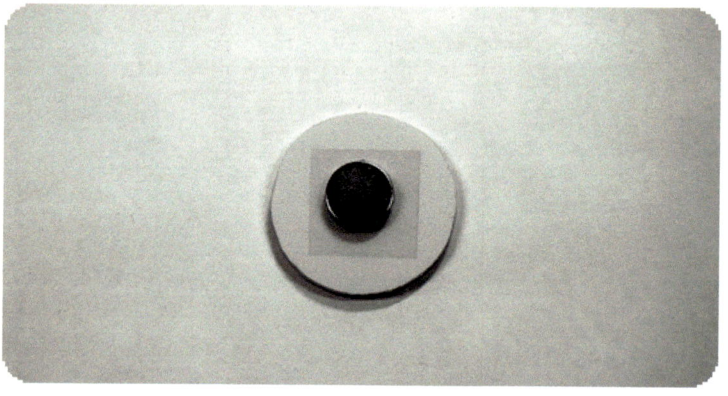

〈그림 10-4〉 폼보드에 OHP 필름과 자석 부착

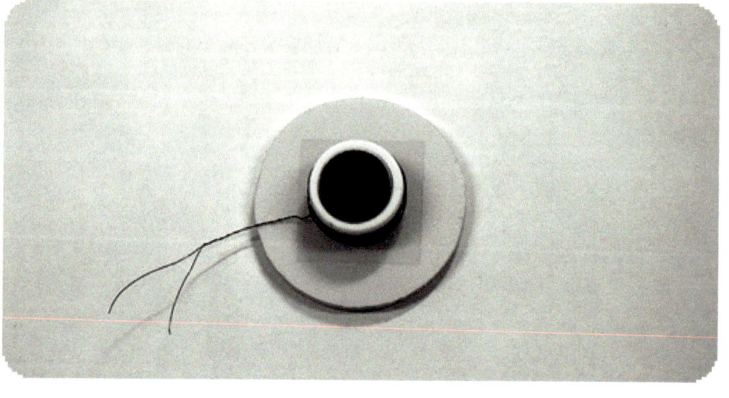

〈그림 10-5〉 에나멜선을 감은 병뚜껑 부착

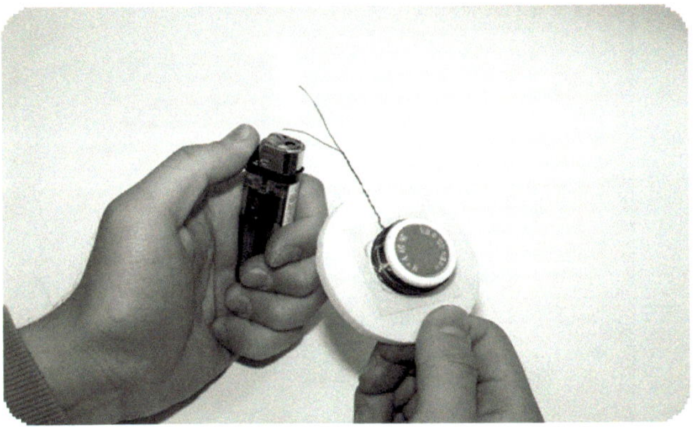

〈그림 10-6〉 에나멜선 끝부분 태우기

〈그림 10-7〉 스피커 색과 에나멜선 연결

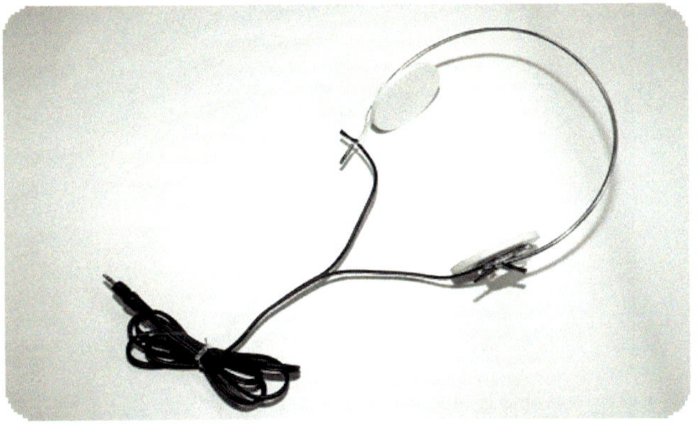

〈그림 10-8〉 최종 완성품

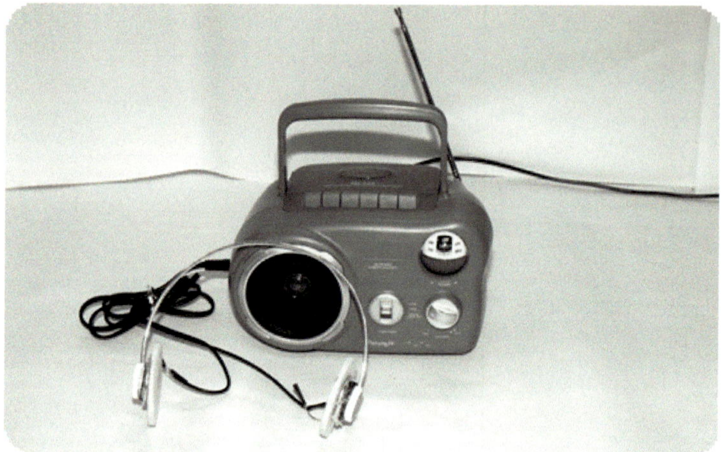

〈그림 10-9〉 헤드폰 동작 시험

10.11 관련 지식

가. 헤드폰이란?

헤드폰은 전기적 진동을 음파로 바꾸는 변환기의 일종으로, 귀에 밀착시켜 장착함으로써 귀에 직접 음이 전해지도록 한 기구이다. 귀에 장착하는 방식에 따라 삽입 이어폰, 귀에 거는 이어폰 및 귀 덮개식 이어폰 등으로 분류된다. 그리고 하나 또는 두 개의 이어폰을 머리에 걸치도록 하는 밴드와 조합된 것을 특히 헤드폰(headphone)이라고 한다. 이어폰이나 헤드폰을 이용하면 귀에만 소리가 전해지므로 외부 소음의 영향을 거의 받지 않는 이점이 있어서, 전화나 방송 등의 업무용이나 난청자(難聽者)를 위한 보청기 등으로 오래 전부터 사용되어 왔다. 그러나 현재에는 국제회의장 등에서의 동시통역, 개인의 음악 감상용이나 학습용 등을 비롯하여 실내, 실외 어디에서나 이용할 수 있는 다양한 종류와 기능의 이어폰과 헤드폰이 사용되고 있다.

나. 헤드폰의 원리

전선에 전기가 흐르면 주위에 자기장이 생긴다. 이 자기장은 극성이 있어서 같은 극끼리는 밀치고 다른 극끼리는 당기게 된다. 헤드폰 잭을 라디오에 꽂으면 약한 전기가 흘러 에나멜선 주위에 자기장이 생기게 되며, 전기의 세기를 다르게 하면 자기장의 세기도 달라져 자석과의 사이에 밀고 당기는 힘의 세기도 변하게 되고 에나멜선이 붙어 있는 알루미늄 호일을 떨리게 만든다. 따라서 주변의 공기를 진동시켜 소리를 내게 된다.

헤드폰에 있는 부품들은 진동판, 유닛, 케이블, 자석(마그넷) 등으로 구성되어 있으며 간략히 설명하면 다음과 같다.

- 진동판 : 헤드폰의 기본이라 할 수 있는 부품으로, 헤드폰을 뜯으면 제일 먼저 보이는 것이다. 금속의 부품 안에 투명의(색깔이 제품마다 조금씩 다를 수 있음) 비닐이 갇혀 있는 것이 보이는데, 이것을 진동판이라 부른다. 일반적으로 진동판이라 하면 보통 금속의 부품으로 모듈화 되어 있는 전체를 가리키며, 헤드폰의 성능을 제일 많이 좌우하는 부품이다.

- 유닛 : 흔히 우리가 헤드폰을 사용할 때 잡게 되는 것으로 플라스틱으로 되어 있으며 헤드폰의 몸체를 말한다. 이 부품은 음질보다는 헤드폰 소리의 개성이나 음색에 절대적인 영향을 미친다.

- 케이블 : 기기에서 신호(전류)를 진동판까지 전송하는 전선을 말한다. 케이블의 질에 따라 전송되는 신호에 가해지는 손실이 차이가 생기게 된다.

- 자석(마그넷) : 헤드폰의 원리는 스피커와 같다. 소리를 만들어 내는 방식은 콘형 스피커와 같이 진동판 자체를 신호의 흐름대로 진동시켜 소리를 만들어 내는 방식인데, 여기서 진동판을 신호대로 진동시키는 과정에 필요한 것이 마그넷이다. 전자기 유도에 의해 콘지를 진동시키는데, 여기서 진동시키는 힘을 만들어 내는데 필요한 요소가 바로 마그넷이다.

다. 헤드폰의 종류

헤드폰의 종류에는 밀폐형, 개방형, 다이나믹형, 콘덴서형, 유선형, 무선형, 인이어, 특수 헤드폰 헤드셋 등으로 그 종류가 매우 다양하다.

● 밀폐형(Closed) 헤드폰

외부와 진동판, 귀 사이를 차단시켜 S/N(신호 대 잡음비)비를 높인 것으로 주로

〈그림 10〉 밀폐형 헤드폰(테크니카 ATH-PRO6)

레코딩 스튜디오의 뮤지션 모니터링이나 방송국 현장의 모니터용으로 사용된다. 주변 소리로 인해 방해가 적고 헤드폰의 소리가 밖으로 새어 나가지 않아 외부 환경이 열악한 장소에서 음악 청취가 가능하고, 주변에 피해를 주지 않는 반면 장시간 사용할 경우 귀에 접착된 패드의 압력 때문에 개방형에 비해 착용감은 상대적으로 좋지 않다.

- **개방형(Open) 헤드폰**

주로 감상용으로 사용되는데 이것은 외부의 음도 어느 정도 자연스럽게 들을 수 있어 음질적으로 있는 그대로 재생되는 것이 특징이다. 밀폐형처럼 귀에 밀착하지 않고 귀와 헤드폰의 진동판 사이에 약간의 공간을 두도록 설계되어 착용감이 좋다.

- **다이나믹형(Dynamic) 헤드폰**

대체적으로 많이 사용하고 있는 타입으로 경량의 접을 수 있는 스타일 뿐만 아니라

〈그림 10-11〉 개방형, 다이나믹형 헤드폰(젠하이저 HD 457)

고성능 스튜디오 모니터용 모델까지 다이나믹형을 채용하고 있다. '무빙코일 타입'이라고도 불리는데, 이것은 기본적으로 영구 자석에 의해 구동되는 자기장 내에서 움직이는 중앙코일에 연결된 진동판을 장착한 라우드 스피커의 축소형인 다이어프램을 사용한다. 이 타입은 매우 효율적으로 리시버나 기타 다른 장비의 기본적인 헤드폰 잭에서부터 쉽게 출력을 받아들일 수 있기 때문에 매우 뛰어나서 레코딩 스튜디오뿐만 아니라 방송국 등에 프로페셔널 현장의 모니터용 헤드폰으로도 애용된다.

● 콘덴서형(Electr ostatic) 헤드폰

정전기장 내에서 떨리는 얇고 경량의 진동판을 내장하고 있으며, 응답 시간이 매우 빨라 고밀도와 낮은 왜곡율로 음악을 재생할 수 있다. 이것은 분리된 고전압 DC 파워서플라이가 고정자로 불리는 두 개의 금속판 사이에 걸쳐 있는 진동판을 양극화시킴으로써 동작하는데, 양극화된 전압 공급은 일반적으로 AC기반이지만 일부 배터리 구동방식의 파워서플라이도 존재한다. 이 신호가 고정자에 전해지면 정전기장을 변조시켜 진동판을 움직인다. 콘덴서형은 콘덴서 마이크와 같이 일반적으로 고가이기 때문에 일부 하이파이 애호가들이 애용하고 있다.

● 유선형(Wir ed) 헤드폰

코드와 케이블이 있는 헤드폰을 말하며, 대부분의 헤드폰이 여기에 속한다.

● 무선형(Wir eless) 헤드폰

코드 없이 사용할 수 있는 헤드폰으로 리시버와 앰플리파이어 일체형이 일반적이

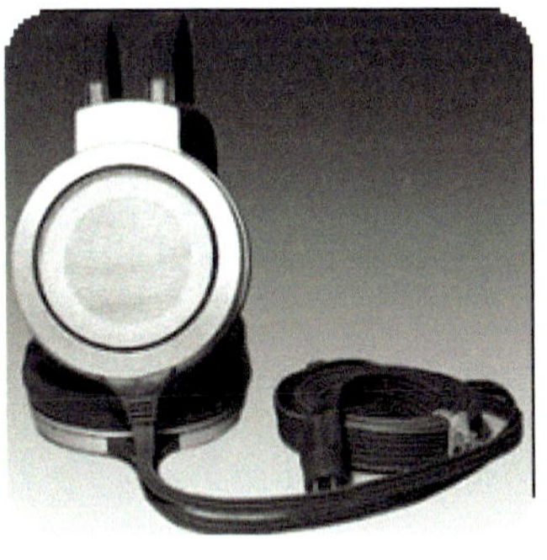

〈그림 10-12〉 콘덴서형 헤드폰(스탁스 SR-007(Omega II))

〈그림 10-13〉 유선형 헤드폰(테크니카 ATH-A1000)

〈그림 10-14〉 무선형 헤드폰(젠하이저 RS 45-8)

다. 와이어리스 시스템은 적외선과 라디오 주파수(RF) 전송 시스템으로 분류할 수 있다. 적외선 와이어리스 시스템은 주로 홈 서라운드용 헤드폰 제품에 적용된다. 이것은 베이스 유닛으로부터 10m의 영역만을 지원하므로 깨끗한 전송을 위해서는 근접거리(Line-of-Sight) 내에 위치해야 하는 불편함이 있다. 그리고 kHz에서 낮은 MHz 영역의 주파수를 사용하고 있다. 또한 RF 와이어리스 시스템은 베이스 유닛으로부터 100m까지 전송이 가능하며 FM, VHF 혹은 UHF 주파수대에서 작동된다. 주로 In-ear 모니터링용으로 450MHz~900MHz 이상의 UHF 시스템이 가장 많이 사용되고 있다.

● 인이어(In-ear) 헤드폰

연주시 모니터가 필요한 뮤지션, 특히 보컬리스트가 주로 사용하는 이어폰이다.

〈그림 10-15〉 인이어 헤드폰(슈어 E3c)

리시버에는 개별적으로 볼륨 컨트롤과 리미터 회로가 장착되어 청력 손상을 방지하도록 설계되어 있다. 고막에 가까이 사용되므로 정전기와 가성의 노이즈가 일으키는 파열음으로 청력 손상을 일으킬 소지가 있는 공연장에서는 특히 리미터가 요구된다. 와이어리스 인이어 모니터 시스템은 두 종류의 주파수 대역(VHF, UHF)을 선택하여 사용할 수 있는데, 간섭의 영향을 덜 받고 더 많은 채널(주파수 송출)을 제공할 수 있는 UHF 시스템이 주로 많이 사용되고 있다.

● 특수 헤드폰 헤드셋

음악 감상뿐만 아니라 이벤트나 전술작전용(경찰, 군인 작전용)으로 넓게 사용되고 있는 골전도(Bone Conduction) 특수 헤드폰 헤드셋이 있다. 송화시에 마이크를 통하여 입력된 음성신호를 전기적인 신호로 바꾸어 송신된 신호를 수신한 후 뼈를 진동시키는 골전도 진동자(Bone Conduction Transducer) 장치를 이용하여 진동신호로 변환시키는 원리이다. 주변 소음에 영향을 받지 않고, 뼈를 통해 음성이 직접 전달되므로 맑고 깨끗한 소리를 들을 수 있어 청력이 저하된 사람도 사용이 가능하

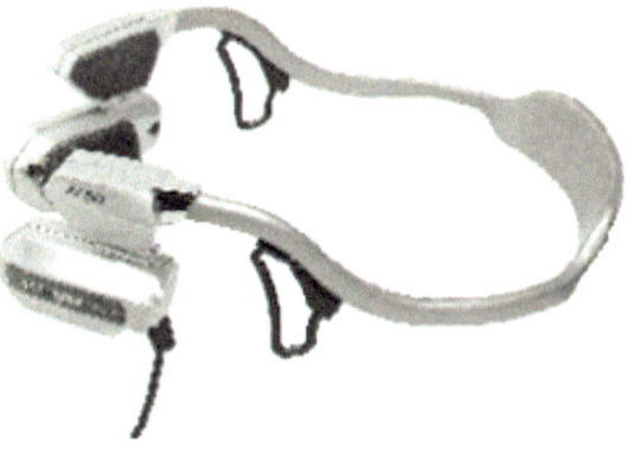

〈그림 10-16〉 특수 헤드폰 헤드셋(보니아 EZ-500)

다는 장점이 있다.

라. 헤드폰의 장점과 단점

헤드폰을 통한 재생음의 특징은 우선 스피커에 비해 청취도가 월등하다는 것이다. 각각의 악기 음이 스피커보다 잘 분리되어 들리고 스피커로는 마스킹되어 들리지 않던 음도 헤드폰에서는 잘 들리기도 한다. 따라서 사운드 체크가 목적이라면 헤드폰은 스피커와 비교되지 않을 정도로 유리하다.

또한 헤드폰은 소형 스피커에 비해 재생 주파수 특성이 넓다. 저역의 경우 유닛이 작아 몸으로 느끼지 못하고, 초저역 재생이 불가능하다는 단점이 있지만 깨끗한 저역 재생은 역시 강점이다. 헤드폰은 귀 가까이에서 고막에 직접 전달되므로 작은 유닛으로도 소형 스피커에 비해 쉽게 중저음을 느낄 수 있기 때문이다.

이밖에 음질적인 요소에서도 50~40만원대의 헤드폰이면 하이엔드급이기 때문에 헤드폰이 내는 재생음의 퀄리티는 같은 가격대의 스피커 재생음에 비해 뛰어나다.

이에 반해 음상의 차이에 따른 정확하고 자연스러운 스테레오 청취는 어렵다. 스피커는 L/R 사이에 정위되지만 헤드폰은 머리 가운데 정위되어 자연스러운 스테레오감을 느낄 수 없는 것이다. 이러한 부자연스러움은 크로스피더(시간차, 음량차를 적절한 정도로 조절) 기능으로 어느 정도 극복이 가능하기는 하다.

그리고 같은 이유로 제대로 된 임장감(녹음기나 라디오로 연주를 들을 때 마치 현장에서 실제로 듣는 듯한 느낌)을 형성할 수 있는 여지가 원천 봉쇄된다. 그렇다고 해서 헤드폰에서의 재생이 아주 평면적인 이미지만 형성하는 것은 아니다. 머릿속에 3차원적인 이미지가 형성되는데 그것을 자연스러운 이미지로 느끼기 위해서는 어느 정도의 상상력을 요구하는 것이다.

또한 큰 음량으로 장시간 헤드폰을 사용할 경우 난청의 위험성이 매우 높다. 난청이란 외이, 중이, 내이 및 신경전달 경로 가운데 어느 한 부분의 이상으로 소리를 잘 듣지 못한 상태(직업성 난청의 경우 4kHz에서 가장 심한 청력 손실)를 말한다. 난청은 치료보다는 예방이 중요하며 뮤지션의 경우 난청에 걸려 보청기를 끼고 작업한다면 지속적인 대음량(90dB 이상)에서의 노출은 피하는 것이 가장 좋은 방법이다.

이처럼 헤드폰은 재생의 단점도 있지만, 제대로 된 리스닝룸을 갖추지 못하는 현실을 생각한다면 치명적인 단점이라고 할 수도 없다. 원하는 공간을 확보하고 제대로 된 세팅을 구현하는 것은 몇 천만 원으로 쉽게 해결되는 문제가 아니기 때문이다.

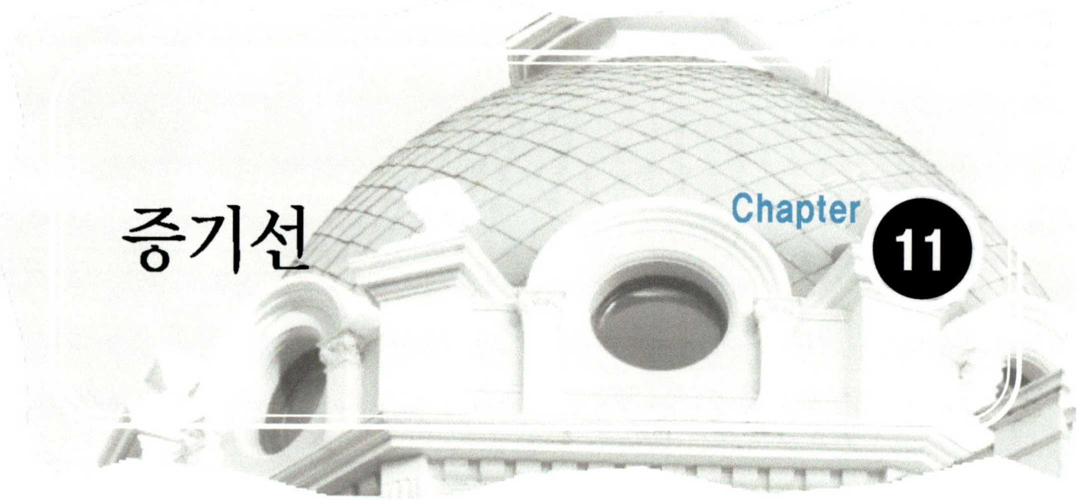

Chapter 11 증기선

11.1 증기선 제작 프로젝트 개요

약 4° C의 물이 100° C의 수증기가 되면 부피는 원래 부피의 약 1,700배가 된다. 이러한 부피의 팽창은 열에 의한 활발한 물 분자 운동으로 설명할 수 있지만, 팽창된 부피를 이용할 수 있는 방법의 연구가 뒤따른다. 스티븐슨의 증기 기관차 발명이나 화력 발전소의 발전기를 돌리는 힘, 대형 배를 추진하는 힘도 바로 수증기에서 나온 것이다.

이 프로젝트에서는 수증기를 동력원으로 사용하는 증기선을 설계하여 제작한다.

11.2 프로젝트 과제

수증기를 만드는 열원으로는 양초나 알콜 솜을 선택하여 사용할 수 있으며, 증기의 힘 외에 다른 힘을 사용할 수 없다.

제작된 증기선의 성능은 주어진 아크릴 수조나 그 밖의 주어진 공간에서 직선으로의 배의 이동 거리와 시간으로 평가한다.

이를 위하여, 제작할 때는 증기력 향상 방법, 물의 저항을 최소화 할 수 있는 선체의 구조 등을 고려해야 된다.

11.3 소요 재료 및 공구

구 분	내용 및 규격
재료	아이스핑크 스티로폼(900×600×30t), 구리관(φ3mm ×1.2m), PVC 파이프, 사포, 색종이, 딱풀, 글루건심, 알코올, 탈지면, 호일, 양초, 꼬치막대, TP지, 우드락, 모눈종이, 병뚜껑, 순간접착제, 전기절연 테이프, 알콜 솜 받침그릇, 양초 등
공구	니퍼, 펜치, 롱 노우스 플라이어, 바이스, 쇠톱, 글루건, 강철자, 칼, 가위, 송곳, 핀셋 등
기타	아크릴 수조(예, 1800×500×200h(10t)), 열선 커터기(탁상용, 수동용), 바이스, 핀셋, 스포이드(또는 주사기), 라이터(또는 성냥) 등

11.4 아이디어 탐색 1: 증기선의 원리, 배의 구조

증기선의 원리와 배의 구조에 대하여 조사한 뒤 정리하라.

11.5 아이디어 탐색 2: 증기선 설계시 고려사항

증기선 설계시 고려해야할 사항에 대하여 서술하라. 특히, 증기선의 선수, 선체, 선미, 방향타 등을 구체적으로 스케치를 통하여 구상한다.

11.6 증기선 설계

제작하고자 하는 증기선의 설계도(제작도)를 그려라.

제작하고자 하는 증기선의 설계도(부품도)를 그려라.

11.7 증기선 제작 및 테스트

주어진 재료와 공구를 사용하여 설계도에 따라 증기선을 제작한다.

제작된 증기선을 테스트한다. 그리고 문제점이 발견되면 수정 및 보완하여 제품을 완성한다.

증기선을 제작하면서 발생한 문제점, 개선점, 수정 사항 및 주의 사항 등을 정리하라.

11.8 프로젝트 활동 정리

증기선 만들기 프로젝트 활동을 통하여 느낀 점, 개선할 점, 주의해야할 점 등을 기록하라.

11.9 프로젝트 활동 평가

가. 평가 반영 비율

영역	성능 평가	제품 평가	태도 평가	포트폴리오 평가	합계
배점	30	50	10	10	100
점수					

나. 성능 평가(30점)

영역	상위 20%	중상위 20%	중위 20%	중하위 20%	하위 20%
배점	30	25	20	15	10
점수					

다. 제품 평가(50점)

영역	평 가 항 목	평 가 점 수	
기능성 (20)	• 수증기를 사용하여 움직이는 증기선이 완성되었는가?	• 완벽하고 빠르게 작동된다.	20
		• 완벽하게 작동은 하지만 속도가 느리다.	18
		• 원활하게 작동하는 편이다.	16
		• 작동이 원활하지 못하다.	14
		• 전혀 작동되지 않는다.	12
		• 일부 완성하지 못했다.	10
		• 전혀 완성하지 못했다.	8
견고성 (10)	• 완성된 증기선이 튼튼하고 견고하게 제작되었는가?	• 견고하고 튼튼하게 제작되었다.	10
		• 튼튼하기는 하지만 구조적으로 부족하다.	8
		• 견고하지 못하지만, 모양은 유지하고 있다.	6
		• 완전한 구조를 갖추지 못했다.	4
심미성 (10)	• 증기선의 모양이 보기 좋은가?	• 누구나 갖고 싶도록 아름답게 제작하였다.	10
		• 예쁜 모양을 시도하였으나 조금 부족하다.	8
		• 일반적인 증기선의 모양과 구조이다.	6
		• 아름다운 모양을 시도했으나 미완성이다.	4

영역	평가 항목	평가 점수	
경제성(10)	• 증기선에 사용된 재료가 적당하고 저렴하게 사용되었는가?	• 주어진 재료를 아끼고 최소로 사용하였다.	10
		• 재료는 적게 사용하였으나 구조에 부족함이 있다.	8
		• 주어진 재료를 모두 사용하였다.	6
		• 재료가 부족하여 더 지급 받아 사용하였다.	4
합 계			

라. 태도 평가(10점)

참여도(3)	흥미를 보이며, 문제를 정확하게 인식하고 스스로 작업한다.	3
	문제 해결을 하려고 하며 다소 어려움이 있다.	2
	흥미가 없고, 문제 해결에서 빗나간다.	1
학습과 지식(2)	지식과 학습을 관련시키고, 지식의 전달과 표현을 잘 한다.	2
	정보를 찾을 수 있고, 요구한 지식을 찾을 수 있다.	1
	무엇을 찾아야 할지 모르고, 지식 전달이 잘 안 된다.	0
과정(3)	적합한 전략을 찾아 도전하고 변화와 창의성이 돋보인다.	3
	문제 해결 과정이 불확실하고, 좌절하지만 도움을 구한다.	2
	문제를 잘 잊고, 포기하며, 의욕이 없다.	1
표현 정도(2)	과정과 생각을 조직적으로 완벽하게 전달한다.	2
	몇 가지를 설명할 줄 알지만 조직적인 표현이 부족하다.	1
	문제와 과정을 전달하는데 어려움이 많고 부정확하다.	0
합 계		

마. 포트폴리오 평가(10점)

• 조직적이고 계획적으로 정리되어 있어 수업 과정을 모두 파악할 수 있다.	10
• 정리는 깔끔하게 되어 있으나 수업 과정의 기록이 조금은 부족하다.	8
• 깔끔하기는 하지만 수업 과정의 기록이 미흡하다.	6
• 수업 과정의 내용을 기록하지 않았다.	4
• 수업 과정을 기록하지 않았고 관리 상태도 미흡하다.	2
합 계	

11.10 증기선 제작을 위한 팁: 제작 과정 예시

가. 제작 순서 설명

1) 선체 만들기

선체를 스티로폼(아이스핑크)으로 물의 저항을 최소화하도록 창의적으로 제작한다. 아이스핑크를 깎을 때는 열선 커터기와 커터칼을 이용하면 쉽게 작업할 수 있다. 섬세한 작업이 필요할 경우 사포를 사용한다.

2) 동 파이프 감기

우선 동 파이프에 선체에 들어갈 부분과 감을 부분을 표시한 후, PVC 파이프(원통형의 형상이면 됨)에 대고 동 파이프를 감는다. 이때 PVC 파이프에 동 파이프를 감을 때 틈이 생기지 않게 촘촘히 감으며 동 파이프의 끝을 약 80~100mm 정도 남겨놓는 것이 좋다.

3) 선체에 동 파이프 끼우기

열원(양초 또는 알코올 솜)이 들어갈 공간을 띄운 후 동 파이프를 끼워 고정한다.

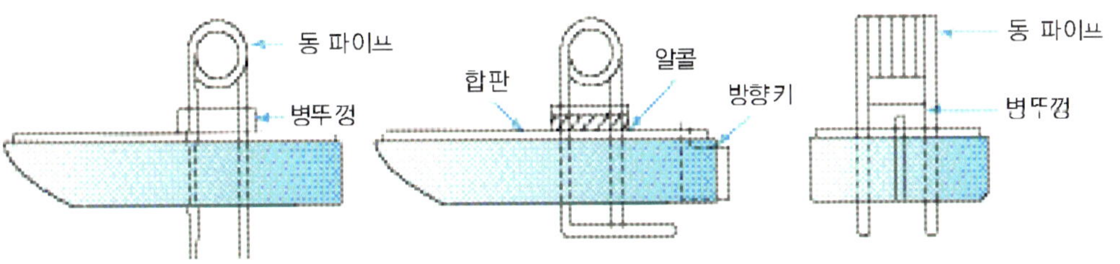

4) 동 파이프 구부리기

선체 밑으로 향한 동 파이프를 선체 뒤쪽으로 향하게 원하는 각도로 구부린다.

5) 선체와 동 파이프 사이의 홈 메우기

우드락본드를 이용한다.

6) 선실 제작

선실을 제작하여 선체에 고정한다. 열이나 불에 의해 녹거나 타지 않도록 스티로폼 위에 하드보드지와 알루미늄 호일을 붙인다.

7) 방향키 만들기

OHP 필름을 이용하여 방향키를 만들어 고정한다.

8) 마무리 작업

9) 추진 시험

한쪽 동파이프에 물을 주사기로 주입한다. 선체 위와 동파이프 사이에 병 뚜껑을 놓은 다음 열원(양초 또는 알콜 솜)을 앉히고 불을 붙인 후, 수조 안에서 추진 시험을 한다.

증기선의 작동 원리

액체인 물에 열을 가하면 수증기가 되면서 부피가 팽창하고 구리관 안에 있던 물은 압력에 의해 데워져 물은 수증기가 되어 관 밖으로 빠져 나온다. 이 힘에 의해서 배는 움직이게 된다(작용과 반작용의 법칙). 그리고 물이 구리관 밖으로 나가면 구리관 안은 진공 상태가 되어 다시 관 밖의 물을 빨아들이게 되고, 이 과정을 반복하면서 배는 계속 움직이게 된다.

나. 제작 순서 그림

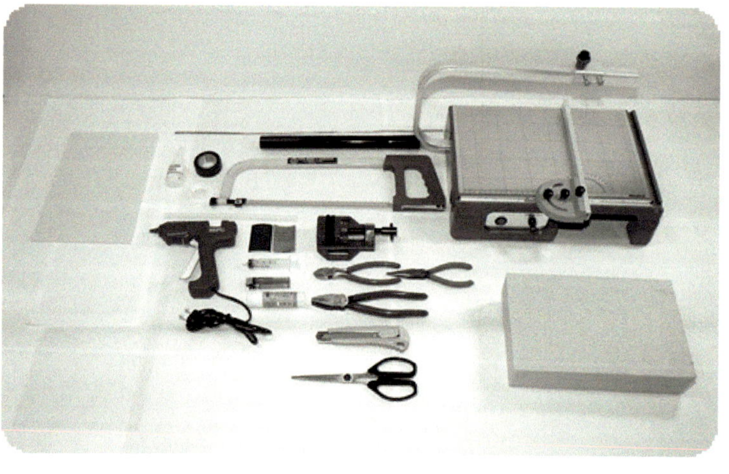

〈그림 11-1〉 전체 부품

〈그림 11-2〉 열선 커터기로 선체 가공

〈그림 11-3〉 칼로 선체 다듬기

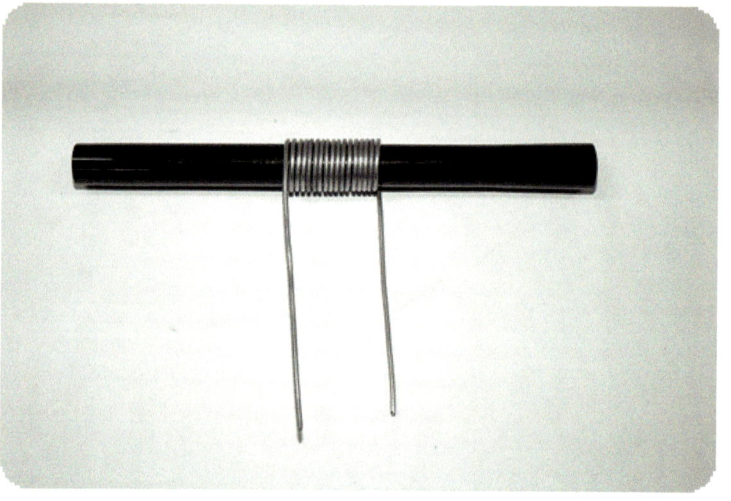

〈그림 11-4〉 PVC 파이프 이용하여 동 파이프 감기

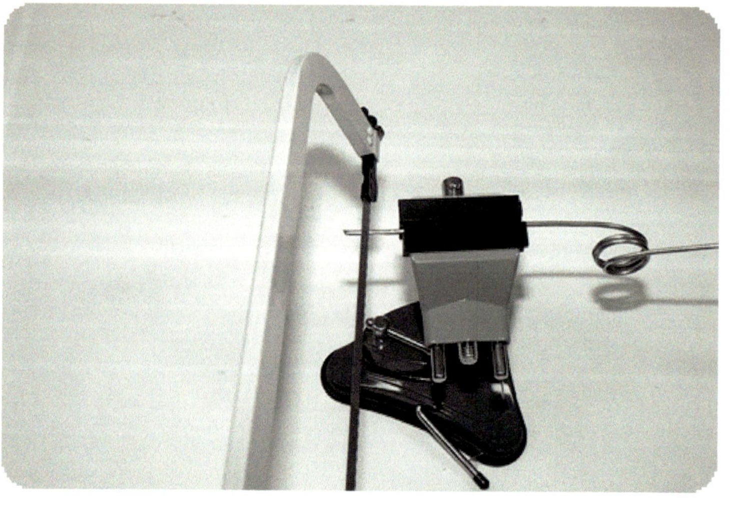

〈그림 11-5〉 동 파이프 자르기

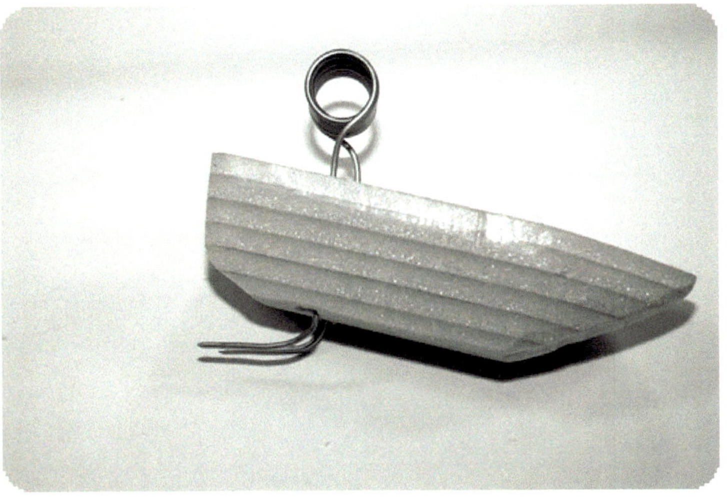

〈그림 11-6〉 선체에 동 파이프 삽입

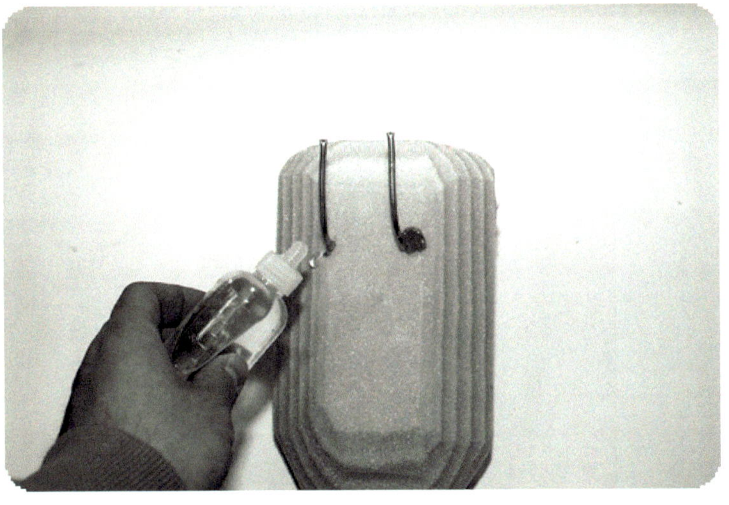

〈그림 11-7〉 누수 방지 작업

〈그림 11-8〉 방향키, 연료통, 선실 부착

〈그림 11-9〉 증기 생성 기관부

〈그림 11-10〉 최종 완성품

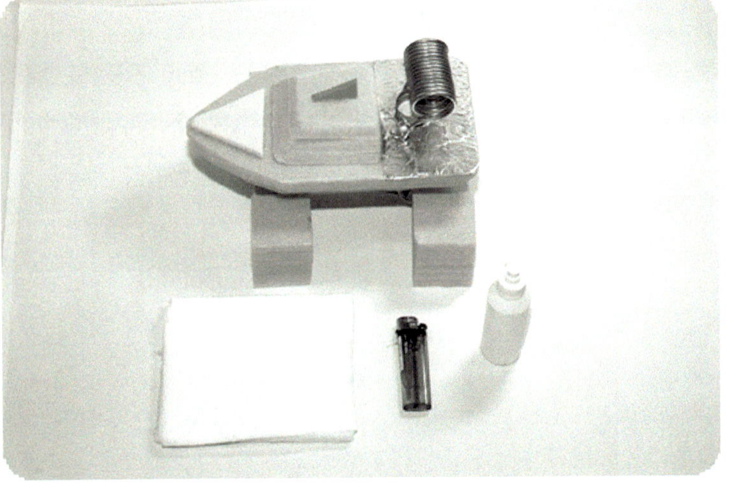

〈그림 11-11〉 추진 시험 준비물

〈그림 11-12〉 추진 시험 장면

11.11 관련 지식

가. 증기기관의 유래

증기기관은 고압증기의 정적(靜的) 압력을 실린더 내의 피스톤에 작용시켜 이것을 움직여 일을 시킨다. 18세기 중엽 영국에서는 방적기계, 직물기계 등이 급속히 발달하여 공업이 점차 발전하게 되었다. 이에 따라 에너지원인 석탄의 채굴도 활발해지고, 지하수의 배수에도 어려움을 겪게 되자 펌프를 구동하는 강력한 동력이 요구되었다. 1712년 뉴커먼(Thomas Newcomen)은 실린더 내에 증기를 도입하여 피스톤을 상승시키고 증기가 냉각하면 실린더 내의 압력이 저하되어 피스톤을 대기압으로 내리누르는 대기압 증기기관을 만들었다. 글래스고 대학의 수리공장에서 근무하던 와트(James Watt)는 뉴커먼의 대기압 증기기관의 수리를 의뢰받고 성능 개선에 노력한 결과 증기를 실린더 내에서 응고시키지 않고 다른 용기(응축기)에 이끌어서 응고시켜 피스톤을 대기압이 아닌 증기압력으로 구동하는 발명을 하여 오늘날 증기기관의 기초를 구축하였다.

나. 증기기관의 구조

증기기관의 구조는 보일러에서 보내진 증기를 밸브실로 이끌어 여기서 밸브의 작용에 의하여 피스톤의 앞뒤에 번갈아 증기를 보내 실린더 내에서 피스톤을 왕복운동시키는 것이다. 이 피스톤의 왕복운동으로 피스톤 로드에 연결된 크랭크에 전달되어 크랭크축을 회전시킨다. 증기를 피스톤의 앞뒤에 보낼 때는 슬라이드 밸브의 작용에 의하며, 이 슬라이드 밸브는 크랭크축에 붙여진 편심륜(偏心輪)에 의하여 전후로 움직여진다. 크랭크축에는 회전을 고르게 하기 위하여 플라이휠이 붙어 있다.

피스톤 양쪽에 증기를 보내는 것을 복동식(複動式)이라 하고 한쪽에만 증기를 보내는 것을 단동식(單動式)이라고 한다. 현재 일반적으로 사용되는 것은 복동식이다. 또 1개의 실린더로 증기를 배기 압력까지 팽창시키는 단식기관과 여러 개의 실린더로 증기를 차례로 팽창시키는 다단(多段) 팽창기관으로 나눌 수도 있다. 매분 회전수 200 이상을 고속기관, 100~200까지를 중속기관, 100 이하를 저속기관으로 분류하기도 한다.

증기기관은 구조가 간단하고 고장이 적고 취급이 쉽다는 등의 장점이 있다. 하지만 열효율이 낮고 회전 속도가 느리며 증기 터빈과 같이 몇 만 마력의 큰 마력을 얻기가 어려울 뿐 아니라 보일러 응축기가 항상 필요하여 소형 경량화가 어려운 등의 결점이 있다. 그러나 훌륭한 원동기였으므로 증기 터빈이나 내연기관이 실용화될 때까지는 철도의 기관차에 많이 사용되었으며, 그밖에 공장 동력으로도 사용되어 한때 증기기관 전성시대도 있었다. 대출력의 원동기에는 증기 터빈, 중소 출력에는 내연기관이 사용되어 증기기관의 용도가 점차 좁아지고 있다. 요즈음에는 공장의 증기 해머, 윈치의 원동기(原動機) 등 특수한 경우에만 사용된다.

다. 베르누이의 정리

유체역학의 기본 법칙 중 하나이며, 1738년 베르누이(Daniel Bernoulli)가 발표하였다. 굵기가 다른 유리관 속에서 물의 수면 높이를 관찰했을 때, 굵은 쪽 유리관에 연결된 물기둥은 그 높이가 낮아지고, 가는 쪽 유리관에 연결된 물기둥은 높이가 높아지는 현상을 관찰할 수 있다. 유체는 좁은 통로를 흐를 때 속력이 증가하고 넓은 통로를 흐를 때 속력이 감소한다. 유체의 속력이 증가하면 압력이 낮아지고, 반대로 감소하면 압력이 높아지는데, 이것을 베르누이의 정리라고 한다. 압력이 커지면 대기압이 물기둥을 더 세게 누르므로 물기둥의 높이가 낮아지고, 압력이 낮아지면 대기압이 물기둥을 약하게 누르므로 물기둥의 높이는 높아진다. 따라서 유속이 빠를수록 압력이 낮고, 유속이 느릴수록 압력이 높아지므로 압력을 측정하면 유속을 알 수 있다.

이 정리는 유체의 위치에너지와 운동에너지의 합이 항상 일정하다는 내용을 포함하고 있다. 그러나 이 법칙은 점성을 무시할 수 있는 완전유체가 규칙적으로 흐르는 경우에만 적용할 수 있고, 실제 유체에 대해서는 적당히 변형된다. 일반적으로 차압식 유량계(差壓式流量計)라고 하는 유량 측정장치는 이 원리를 이용한 것이다.

베르누이 정리의 이용 사례에는 자동차 기화기(카뷰레터), 세탁기 고체 세제 용해기(세탁기에 고체 세제를 녹여서 뿜어주는 장치), 비행기 제트엔진, 파스텔화 고정액 및 그 밖의 모든 분무기가 해당된다.

라. 배의 구조

배의 구조 중에서 선저와 선체의 형태를 살펴보면 다음과 같은 종류들이 있다.

우선, 선저 형태에는 Multiple Hull, Gull Wing Hull, Vee Bottom, Round Bottom 등의 종류가 있다.

또한, 선체 형태에는 저에너지를 소비하고 고속에 적합한 활주형(Planing Hull)과 저속에 적합한 배수량형(Displacement Hull) 등이 있다.

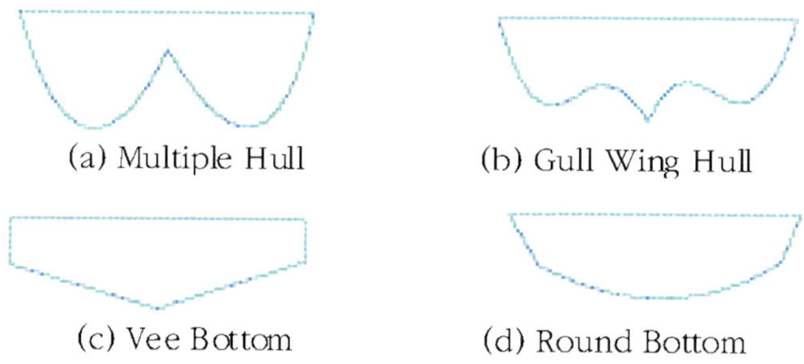

(a) Multiple Hull (b) Gull Wing Hull

(c) Vee Bottom (d) Round Bottom

〈그림 11-13〉 선저 형태

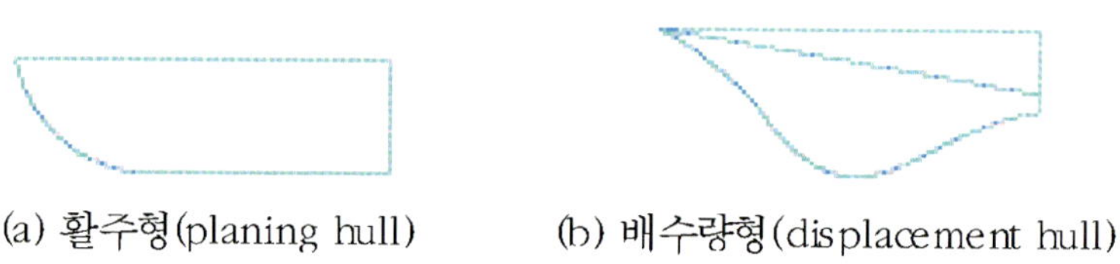

(a) 활주형(planing hull) (b) 배수량형(displacement hull)

〈그림 11-14〉 선체 형태

태양광 자동차

Chapter 12

12.1 태양광 자동차 제작 프로젝트 개요

인류가 사용하고 있는 석탄, 석유, 천연가스, 원자력 에너지 등은 점차 그 부존자원이 줄어들고 있을 뿐만 아니라 환경 오염, 환경 파괴 등 심각한 사회 문제를 초래하고 있다. 이러한 문제의 근본적 해결을 위하여 무한청정의 태양 에너지를 비롯한 풍력, 조력, 바이오매스(biomass, 생물체로부터 발생하는 재생 가능한 모든 유기성 자원을 의미) 등 각종 대안 에너지 자원을 개발하고 사용하는데 많은 노력을 기울여야 한다.

이 프로젝트에서는 현재의 화석연료로 작동하는 자동차 대신에 태양 에너지를 이용하는 자동차를 창의적으로 설계하여 제작하도록 한다.

12.2 프로젝트 과제

태양 에너지를 동력원으로 사용하는 자동차로, 벨트 전동이나 기어 전동으로 작동되어야 한다.

제작된 태양광 자동차의 성능은 폭 2m, 길이 10m의 직선 거리(또는 1m 폭의 5m 길이의 직선 거리)를 이동한 시간으로 평가한다.

이를 위하여, 제작할 때는 자동차의 무게와 동력 전달 시스템 등을 고려해야 한다.

12.3 소요 재료 및 공구

구 분	내용 및 규격
재료	태양전지(1.5V 출력), 모터(1.5V 입력), 기어 3개, 절연전선(800㎜), 스위치(슬라이느), 실납(300㎜), 피아노 강선 2개(φ2×140㎜), 피아노 강선 1개(φ1.5×100㎜), 빨대(φ6×80㎜), 우느락(5t×300㎜×200㎜) 4장, 우느락 접착제(30㎖), 글루건 심(φ12×260㎜), 바퀴고정용 플라스틱 쐐기 등
공구	펜치, 롱 노스 플라이어, 니퍼, 글루 건(대), 강철자(300㎜), 납땜장비 등
문구 및 공통	커터칼(대), 곡선칼, 연필, 지우개, 송곳 등

12.4 아이디어 탐색 1: 태양광 전지의 원리, 자동차 동력 시스템의 구조

태양광 전지의 원리와 자동차 동력 시스템의 구조에 대하여 조사한 뒤 정리하라.

12.5 아이디어 탐색 2: 태양광 자동차 설계시 고려사항

태양광 자동차 설계시 고려해야 할 사항에 대하여 서술하라. 특히, 동력원 부분(모터, 바퀴축, 기어, 태양전지, 스위치)을 어떻게 연결할지를 구체적으로 스케치를 통하여 구상한다.

12.6 태양광 자동차 설계

제작하고자 하는 태양광 자동차의 설계도(제작도)를 그려라.

제작하고자 하는 태양광 자동차의 설계도(부품도)를 그려라.

12.7 태양광 자동차 제작 및 테스트

주어진 재료와 공구를 사용하여 설계도에 따라 태양광 자동차를 제작한다.

제작된 태양광 자동차를 테스트한다. 그리고 문제점이 발견되면 수정 및 보완하여 제품을 완성한다.

태양광 자동차를 제작하면서 발생한 문제점, 개선점, 수정 사항 및 주의 사항 등을 정리하라.

12.8 프로젝트 활동 정리

태양광 자동차 만들기 프로젝트 활동을 통하여 느낀 점, 개선할 점, 주의해야할 점 등을 기록하라.

12.9 프로젝트 활동 평가

가. 평가 반영 비율

영역	성능 평가	제품 평가	태도 평가	포트폴리오 평가	합계
배점	30	50	10	10	100
점수					

나. 성능 평가(30점)

영역	상위 20%	중상위 20%	중위 20%	중하위 20%	하위 20%
배점	30	25	20	15	10
점수					

다. 제품 평가(50점)

영역	평가 항목	평가 점수	
기능성 (20)	• 태양에너지를 사용하여 작동되는 자동차가 완성되었는가?	• 완벽하고 빠르게 작동된다.	20
		• 완벽하게 작동은 하지만 속도가 느리다.	18
		• 원활하게 작동하는 편이다.	16
		• 작동이 원활하지 못하다.	14
		• 전혀 작동되지 않는다.	12
		• 일부 완성하지 못했다.	10
		• 전혀 완성하지 못했다.	8
견고성 (10)	• 완성된 자동차가 튼튼하고 견고하게 제작되었는가?	• 견고하고 튼튼하게 제작되었다.	10
		• 튼튼하기는 하지만 구조적으로 부족하다.	8
		• 견고하지 못하지만 모양은 유지하고 있다.	6
		• 완전한 구조를 갖추지 못했다.	4
심미성 (10)	• 자동차의 모양이 보기 좋은가?	• 누구나 갖고 싶도록 아름답게 제작하였다.	10
		• 예쁜 모양을 시도하였으나 조금 부족하다.	8
		• 일반적인 자동차의 모양과 구조이다.	6
		• 아름다운 모양을 시도했으나 미완성이다.	4

영역	평가 항목	평가 점수	
경제성 (10)	• 자동차에 사용된 재료가 적당하고 저렴하게 사용되었는가?	• 주어진 재료를 아끼고 최소로 사용하였다.	10
		• 재료는 적게 사용하였으나 구조에 부족함이 있다.	8
		• 주어진 재료를 모두 사용하였다.	6
		• 재료가 부족하여 더 지급 받아 사용하였다.	4
합 계			

라. 태도 평가(10점)

참여도(3)	흥미를 보이며, 문제를 정확하게 인식하고 스스로 작업한다.	3
	문제 해결을 하려고 하며 다소 어려움이 있다.	2
	흥미가 없고, 문제 해결에서 빗나간다.	1
학습과 지식(2)	지식과 학습을 관련시키고, 지식의 전달과 표현을 잘 한다.	2
	정보를 찾을 수 있고, 요구한 지식을 찾을 수 있다.	1
	무엇을 찾아야 할지 모르고, 지식 전달이 잘 안 된다.	0
과정(3)	적합한 전략을 찾아 도전하고 변화와 창의성이 돋보인다.	3
	문제 해결 과정이 불확실하고, 좌절하지만 도움을 구한다.	2
	문제를 잘 잊고, 포기하며, 의욕이 없다.	1
표현 정도(2)	과정과 생각을 조직적으로 완벽하게 전달한다.	2
	몇 가지를 설명할 줄 알지만 조직적인 표현이 부족하다.	1
	문제와 과정을 전달하는데 어려움이 많고 부정확하다.	0
합 계		

마. 포트폴리오 평가(10점)

• 조직적이고 계획적으로 정리되어 있어 수업 과정을 모두 파악할 수 있다.	10
• 정리는 깔끔하게 되어 있으나 수업 과정의 기록이 조금은 부족하다.	8
• 깔끔하기는 하지만 수업 과정의 기록이 미흡하다.	6
• 수업 과정의 내용을 기록하지 않았다.	4
• 수업 과정을 기록하지 않았고, 관리 상태도 미흡하다.	2
합 계	

12.10 태양광 자동차 제작을 위한 팁: 제작 과정 예시

가. 제작 순서 설명

1) 폼보드 마름질하기

옆판, 밑판, 바퀴 등을 폼보드에 원하는 모양으로 스케치하고 칼로 자른다.

2) 옆판에 구멍 뚫기

이쑤시개나 송곳을 사용하여 구멍을 뚫는다.

3) 기어 구성하기

모터, 구동축, 감속기어 등을 활용한다. 감속기어를 활용하면 큰 힘을 얻을 수 있으나, 속도가 느려짐에 유의한다.

4) 앞, 뒤 바퀴 축 조립

축 조립 시에 빨대를 활용하여 축의 좌우 이동을 제한하거나, 베어링 역할을 할 수 있도록 한다.

5) 태양전지판과 모터 조립

태양전지판, 모터, 스위치를 납땜으로 연결한다. 이때 구동방향을 확인하여 조립한다.

6) 모터 고정

차체에 모터를 글루건이나 접착제를 활용하여 고정한다. 기어의 맞물림 상태가 너무 붙으면 작동이 잘 되지 않을 수 있고 너무 떨어지면 공회전할 수 있으니 간격을 잘 맞추어 고정시킨다.

7) 전지판을 햇빛에 노출시켜 작동 유무를 확인

8) 마무리 작업

9) 주행 시험

나. 제작 순서 그림

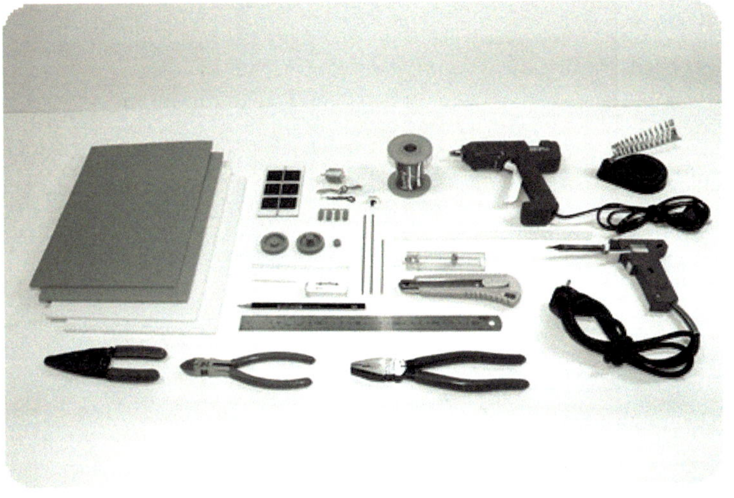

〈그림 12-1〉 전체 부품

〈그림 12-2〉 우드락에 스케치

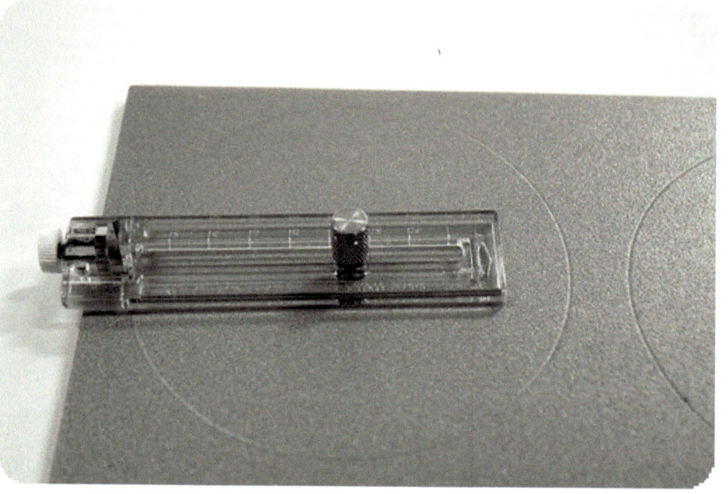

〈그림 12-3〉 칼로 바퀴 자르기

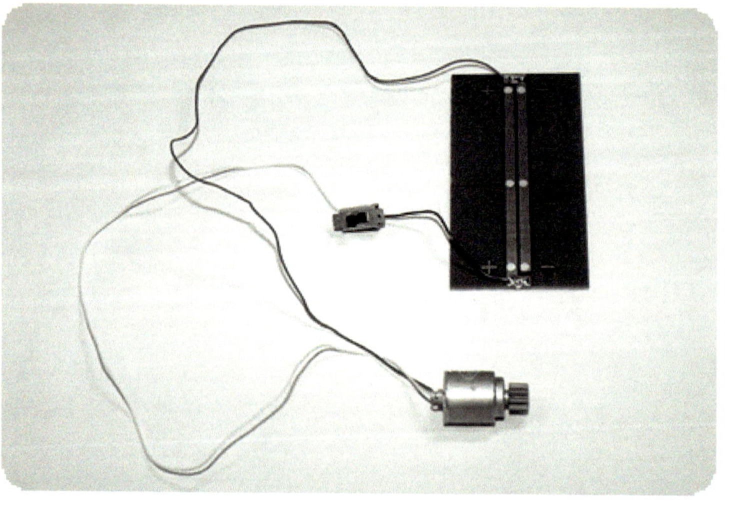

〈그림 12-4〉 태양전지판, 모터, 스위치 납땜

〈그림 12-5〉 기어, 축, 모터 연결

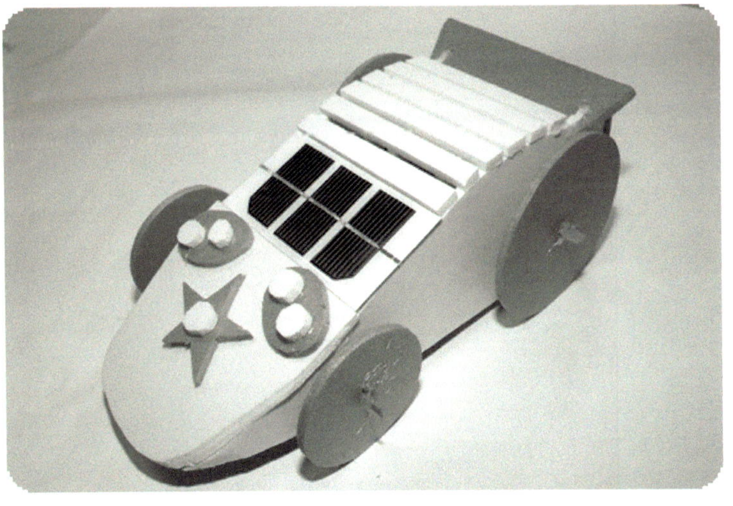

〈그림 12-6〉 최종 완성품

〈그림 12-7〉 최종 완성품

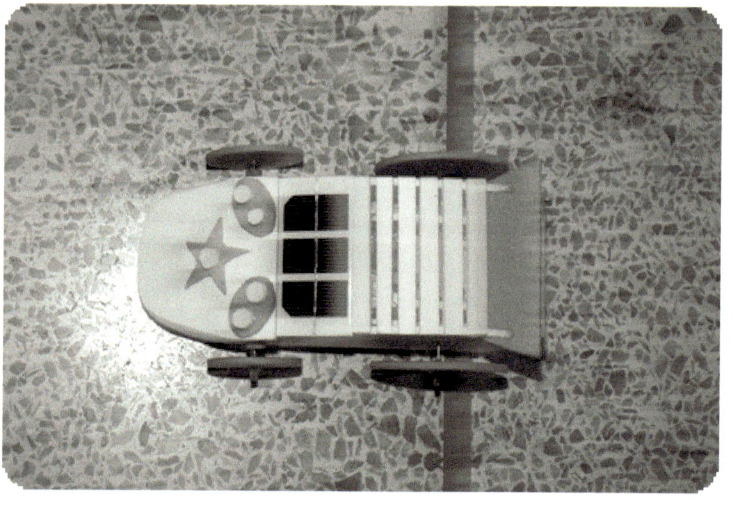

〈그림 12-8〉 주행 시험 장면

12.11 관련 지식

가. 전기를 만드는 방법

전기를 만드는 방법에는 여러 가지가 있으며, 그 중 몇 가지 예를 들면 다음과 같다.

- 건전지처럼 화학적 반응을 이용한 방법
- 발전기를 이용하는 방법(수력, 화력, 풍력, 원자력이 모두 이에 속함)
- 솔라셀처럼 빛을 전기로 바꾸는 장치를 이용한 방법
- 온도차를 이용해 전기를 만드는 방법(제벡 효과)
- 반데그라프처럼 정전기 발생 장치를 이용하는 방법
- 전기뱀장어, 전기가오리처럼 생체 전기 발생

나. 반도체란?

전기 전도도가 도체와 절연체의 중간 정도인 결정형 고체를 반도체라고 한다. 이러한 물질들을 화학적으로 처리함으로써 전류를 흐르게 할 수도 있고 전류의 흐름을 조절할 수도 있기 때문에 다이오드, 트랜지스터, 집적회로 등의 다양한 전자소자를 만드는 데 쓰인다.

반도체 물질들은 고유반도체(원소 반도체)와 불순물반도체의 일반적인 2개 그룹으로 나눌 수 있다. 고유반도체는 화학적 순도가 대단히 높고, 전기 전도도가 아주 낮으며, 온도에 따라 전기 전도도가 크게 변한다. 흔히 쓰이는 고유반도체로는 규소(Si), 게르마늄(Ge), 비소화갈륨(GaAs)의 단결정들이 있다. 이러한 물질들에 불순물을 첨가하면 기술적으로 더욱 중요한 불순물반도체로 된다. 이 과정을 도핑(doping)이라고 하며, 이것은 물질의 전기적 성질을 변화시켜서 전기 전도도를 갑자기 크게 한다. 예를 들어 규소 원소 같은 고유반도체의 원자는 4개의 최외각 전자를 가지고 있다. 이 전자들은 규소원자를 그것에 이웃하는 원자와 결합시켜주고 있어서 고체 내에서 자유롭게 움직일 수 없다. 따라서 순수한 규소는 전기 전도성이 나쁘다.

만약 5개의 최외각 전자를 가진 인(P) 원자가 불순물로 일부의 규소원자를 치환한다면 이웃한 원자들을 결합시키는 데 5번째의 전자는 필요하지 않으므로 이 전자는 자유롭게 움직일 수 있다. 반면 붕소와 같은 형의 불순물 원자들은 규소보다 최외각 전자가 1개 적으므로 붕소원자로 규소원자를 치환한다면 두 원자 사이에 하나의 전자가 모자라 빈 공간을 남기게 된다. 이를 정공(hole)이라 하는데, 이들은 양전하를 가진 입자처럼 행동하므로 역시 전기 전도도를 높여준다. 100만 개의 원자에 10개의 붕소원자만 들어가더라도 불순물반도체가 된다.

불순물반도체는 첨가된 불순물이 고유반도체보다 전자를 하나 더 갖거나 혹은 하나가 부족한 두 종류에 따라서 각각 n-형과 p-형으로 구분된다. 반면 전하운반자의 밀도가 거의 같더라도 어떤 특별한 환경에서 전자와 정공의 이동도(mobility)가 다르기 때문에 고유반도체도 n-형과 p-형으로 구분될 수도 있다. 이런 경우에는 이동도가 가장 큰 전하운반자가 전도 과정을 지배한다.

다. PN 접합에 의한 태양광 발전의 원리

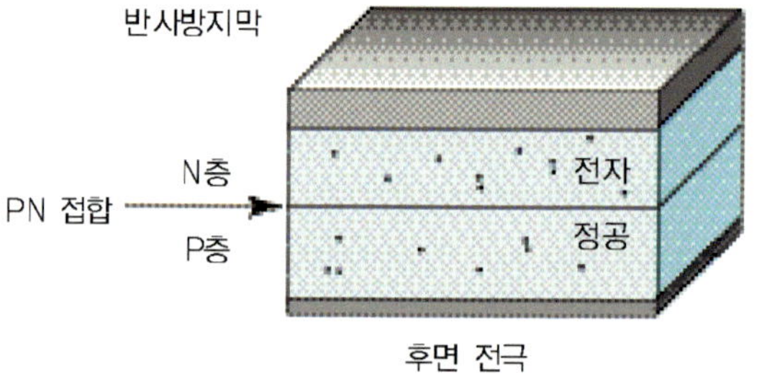

〈그림 12-9〉 태양광 발전의 원리 1

대표적인 결정질 실리콘 태양전지는 실리콘에 보론(boron: 붕소)을 첨가한 P형 실리콘반도체를 기본으로 하여 그 표면에 인(phosphorous)을 확산시켜 N형 실리콘 반도체층을 형성함으로써 만들어진다.

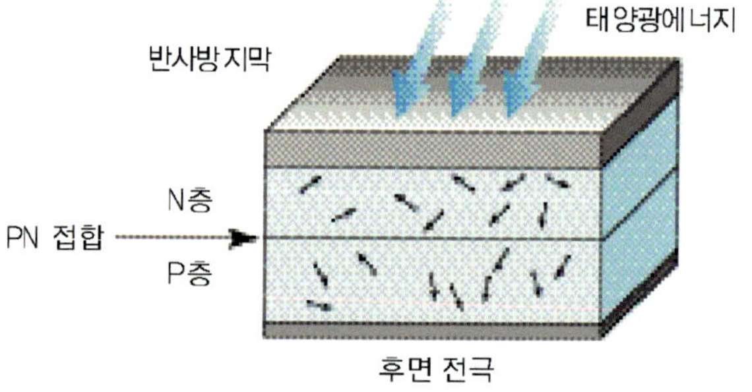

〈그림 12-10〉 태양광 발전의 원리 2

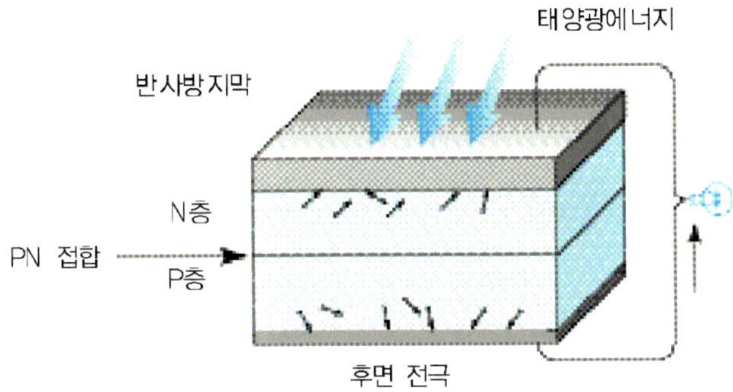

〈그림 12-11〉 태양광 발전의 원리 3

이 PN 접합에 의해 전계(電界)가 발생하게 되며, 이 태양전지에 빛이 입사되면 반도체 내의 전자(-)와 정공(+)이 여기(勵起)되어 반도체 내부를 자유로이 이동하는 상태가 된다.

자유로이 이동하다가 PN 접합에 의해 생긴 전계에 들어오게 되면 전자(-)는 N형 반도체에, 정공(+)은 P형 반도체에 이르게 되며, P형 반도체와 N형 반도체 표면에 전극을 형성하여 전자를 외부 회로로 흐르게 하면 전류가 발생하는 것이다.

라. 자동차의 기본 구조

자동차는 많은 부품으로 구성되어 있으나 주요 부분을 크게 나누면 차체와 섀시로 구분할 수 있다.

차체(Body)는 사람이나 화물을 싣는 부분이며 그 모양은 승용차, 버스, 화물차 등 그 용도에 따라 다르다. 차체는 엔진실(Engine room), 트렁크(Trunk) 등으로 구성되어 있다. 최근에는 차체의 지붕, 옆판 및 바닥이 일체로 되어 1개의 상자로서 튼튼하고 가벼운 구조로 된 모노코크 바디(monocoque body 또는 frameless body)를 많이 쓰고 있다. 이것은 바디 자체가 프레임의 역할을 하며 여기에 섀시의 각 장치가 결합된다.

섀시(Chassis)는 자동차의 차체를 제외한 나머지 부분을 말하며, 주행의 원동력이 되는 엔진을 비롯하여 동력전달장치, 조향장치, 현가장치, 주행장치 등 주요 장치를 전부 갖추고 있어 이것만으로도 주행할 수 있다.

섀시를 이루고 있는 몇 가지 주요 장치를 간략히 설명하면 다음과 같다.

〈그림 12-12〉 자동차의 차체와 섀시

- 엔진 : 엔진은 자동차가 주행하는데 필요한 동력을 발생하는 장치이며, 자동차용 엔진으로는 가솔린 엔진, 디젤 엔진, LPG 엔진 등을 많이 사용하고 있다. 엔진은 본체와 윤활, 연료, 냉각, 흡배기, 시동, 점화 등 여러 부속장치로 구성되어 있다.
- 동력전달장치 : 동력전달장치는 엔진에서 발생한 동력을 구동 바퀴까지 전달하는 일련의 장치를 말하며 클러치, 변속기, 추진축, 종감속 기어, 차축 등으로 구성되어 있다.
- 조향장치 : 조향장치는 자동차의 진행 방향을 임의로 바꾸기 위한 장치이며 보통 조향 핸들을 돌려서 앞바퀴로 조향한다.
- 현가장치 : 자동차가 주행할 때 노면에서 받는 진동이나 충격을 흡수하기 위해 프레임과 차축 사이에 완충장치를 설치하여 승차감을 좋게 하고, 또 자동차의 각 부분의 손상을 방지한다.
- 제동장치 : 제동장치는 주행하는 자동차를 정지시키거나 감속하고 또 주차를 확실하게 하는 장치이다. 브레이크 장치는 마찰을 이용한 마찰 브레이크를 사용한다.
- 타이어와 바퀴 : 타이어와 바퀴는 하중의 부담, 완충, 구동력과 제동력 등 주행 시에 발생하는 여러 힘에 견디는 구조로 되어 있다.
- 보조장치 : 자동차가 안전하게 운행하기 위해서는 위의 장치 외에 조명이나 신호를 위한 등화류, 차량의 속도나 엔진의 운전 상태를 알리는 계기류 외에 경음기, 윈드 시일드 및 와셔가 장치되어 있다.

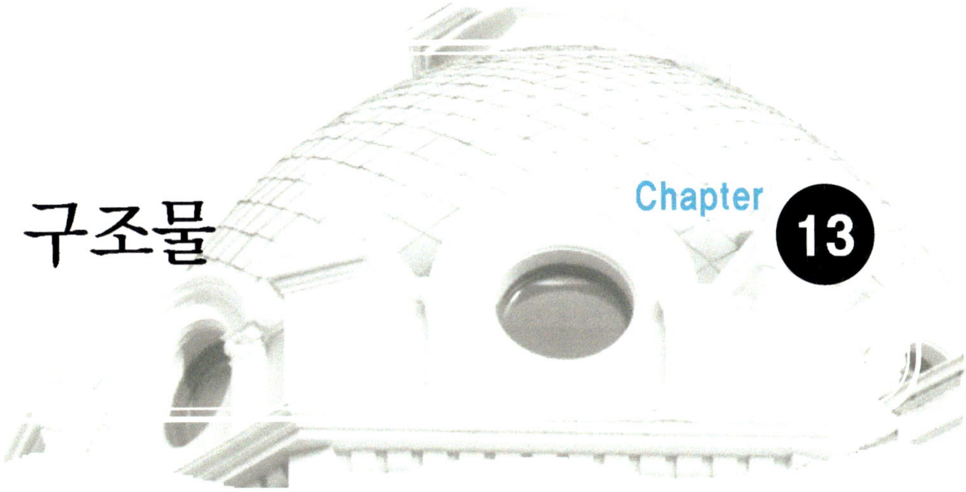

구조물

Chapter 13

13.1 구조물 제작 프로젝트 개요

봉을 세 개 연결하여 만든 삼각형은 매우 안정한 구조다. 이 삼각형의 면 안에서 봉과 봉의 접합점에 힘이 작용할 때 각 봉에는 당기는 힘 또는 누르는 힘(이를 모두 합하여 축력이라고 한다)이 생긴다. 이런 구조를 트러스 구조라고 한다.

트러스 구조에서도 하중이 절점에 작용하는 경우, 부재에는 축력밖에 생기지 않기 때문에 매우 효율적인 구조가 된다. 나아가 복수의 평면 트러스 구조를 조합시킨 구조는 다리는 물론 텔레비전 송신탑, 송전선 철탑, 크레인 등에 널리 사용되고 있다.

이 프로젝트에서는 이러한 트러스 구조를 응용하여 수직 하중을 견딜 수 있는 창의적인 구조물을 설계하여 제작하도록 한다.

13.2 프로젝트 과제

발사목(가로, 세로 3mm의 가는 각목 형태)과 강력접착제를 이용하여 수직으로 힘을 받는 구조물을 제작하며, 제한 조건을 만족하도록 한다.

구조물 위에 점차적으로 하중을 가하여 구조물 파손 때까지의 무게(단, 3초 이상 유지한 경우에 한함)를 가지고 제작된 구조물의 성능을 평가한다.

단, 같은 조건에서는 구조물의 무게가 가벼운 것을 우수한 구조물로 한다.

가. 모형 구조물 제작에 대한 제한 조건

1) 하나의 구조물로 만들거나 여러 개의 구조물을 만들어 조립할 수 있다.
2) 구조물의 모양은 사각, 육각, 팔각기둥 등 자유로우며, 넓이 제한은 없다.
3) 발사목(가로, 세로 3mm)과 강력접착제로만 만들어져야 한다.
4) 구조물의 무게는 20g을 넘지 못한다.
5) 구조물의 높이는 21cm와 24cm 사이여야 하며, 구조물의 가운데에 지름 4cm 이상의 관통구가 있어야 한다.
6) 측정 기구의 모서리 기둥에 닿으면 안 되고, 측정 기구의 밖으로 나와도 안 된다.

나. 구조물 측정 장치 그림

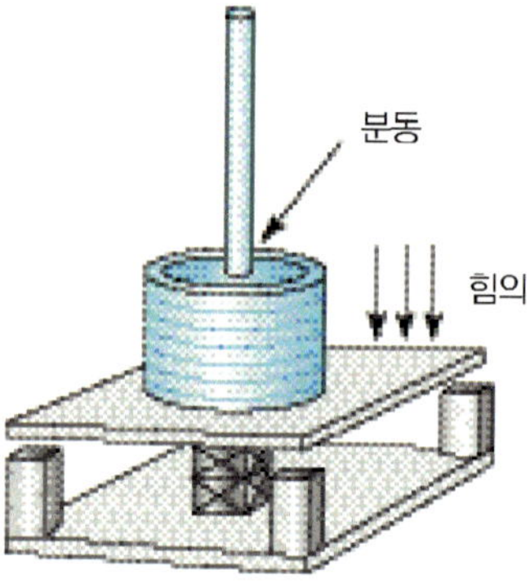

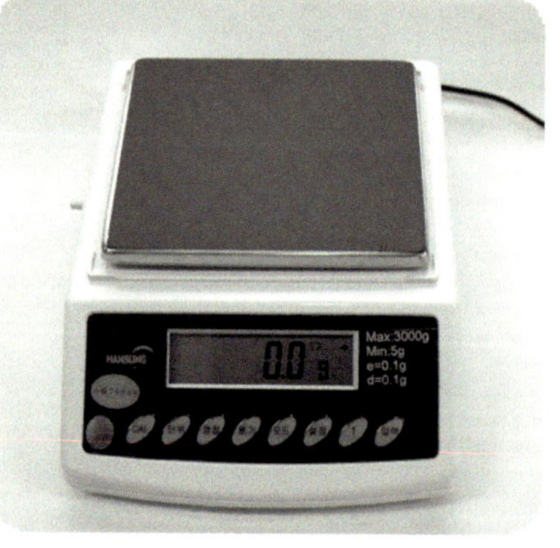

〈그림 13-1〉 바벨 구조물 측정 장치와 전자 저울

13.3 소요 재료 및 공구

구 분	내용 및 규격
재료	발사목(3×3×900mm) 6개, 사포(#800, #400) 각 1매, 강력접착제, 모눈종이 등
공구	칼, 자, ㄱ자, 각도기 등
기타	고무판, 바벨 구조물 측정장치, 저울 등

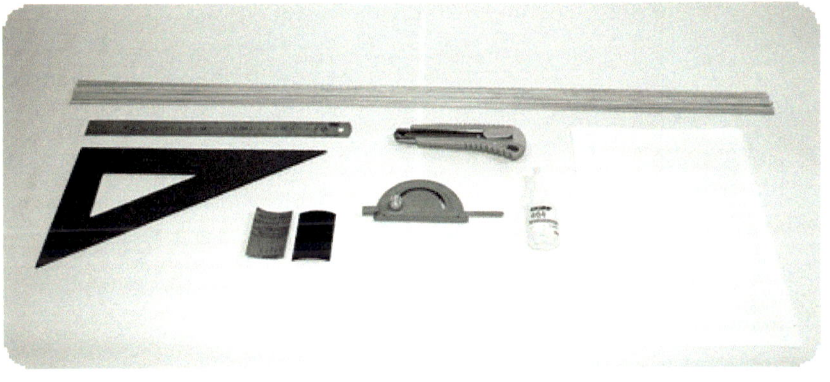

〈그림 13-2〉 전체 부품

13.4 아이디어 탐색 1: 트러스 구조

트러스 구조와 이를 활용한 건축물을 조사한 뒤 정리하라.

13.5 아이디어 탐색 2: 구조물 설계시 고려사항

구조물 설계시 고려해야할 사항에 대하여 서술하라.
특히, 구조물을 어떻게 설계할 것인지를 구체적으로 스케치를 통하여 구상한다.

13.6 구조물 설계

제작하고자 하는 구조물의 설계도(제작도)를 그려라.

제작하고자 하는 구조물의 설계도(부품도)를 그려라.

13.7 구조물 제작 및 테스트

주어진 재료와 공구를 사용하여 설계도에 따라 구조물을 제작한다.

제작된 구조물을 테스트한다. 그리고 문제점이 발견되면 수정 및 보완하여 제품을 완성한다.

구조물을 제작하면서 발생한 문제점, 개선점, 수정 사항 및 주의 사항 등을 정리하라.

13.8 프로젝트 활동 정리

구조물 만들기 프로젝트 활동을 통하여 느낀 점, 개선할 점, 주의해야할 점 등을 기록하라.

13.9 프로젝트 활동 평가

가. 평가 반영 비율

영역	성능 평가	제품 평가	태도 평가	포트폴리오 평가	합계
배점	30	50	10	10	100
점수					

나. 성능 평가(30점)

영역	상위 20%	중상위 20%	중위 20%	중하위 20%	하위 20%
배점	30	25	20	15	10
점수					

다. 제품 평가(50점)

영역	평가 항목	평가 점수	
견고성 (20)	• 완성된 구조물이 튼튼하고 견고하게 제작되었나?	• 견고하고 튼튼하게 제작되었다.	20
		• 튼튼하기는 하지만 구조적으로 부족하다.	18
		• 견고하지 못하지만 모양은 유지하고 있다.	16
		• 완전한 구조를 갖추지 못했다.	14
창의성 (20)	• 완성된 구조물이 창의적인가?	• 매우 창의적이다.	20
		• 창의적이다.	18
		• 보통이다.	16
		• 창의적이지 못하다.	14
		• 매우 창의적이지 못하다.	12
경제성 (10)	• 구조물에 사용된 재료가 적당하고 저렴하게 사용되었는가?	• 주어진 재료를 아끼고 최소로 사용하였다.	10
		• 재료는 적게 사용하였으나 구조에 부족함이 있다.	8
		• 주어진 재료를 모두 사용하였다.	6
		• 재료가 부족하여 더 지급 받아 사용하였다.	4
	합 계		

라. 태도 평가(10점)

참여도(3)	흥미를 보이며, 문제를 정확하게 인식하고 스스로 작업한다.	3
	문제 해결을 하려고 하며 다소 어려움이 있다.	2
	흥미가 없고, 문제 해결에서 빗나간다.	1
학습과 지식(2)	지식과 학습을 관련시키고, 지식의 전달과 표현을 잘 한다.	2
	정보를 찾을 수 있고, 요구한 지식을 찾을 수 있다.	1
	무엇을 찾아야 할지 모르고, 지식 전달이 잘 안 된다.	0
과정(3)	적합한 전략을 찾아 도전하고 변화와 창의성이 돋보인다.	3
	문제 해결 과정이 불확실하고, 좌절하지만 도움을 구한다.	2
	문제를 잘 잊고, 포기하며, 의욕이 없다.	1
표현 정도(2)	과정과 생각을 조직적으로 완벽하게 전달한다.	2
	몇 가지를 설명할 줄 알지만 조직적인 표현이 부족하다.	1
	문제와 과정을 전달하는데 어려움이 많고 부정확하다.	0
합 계		

마. 포트폴리오 평가(10점)

• 조직적이고 계획적으로 정리되어 있어 수업 과정을 모두 파악할 수 있다.	10
• 정리는 깔끔하게 되어 있으나 수업 과정의 기록이 조금은 부족하다.	8
• 깔끔하기는 하지만 수업 과정의 기록이 미흡하다.	6
• 수업 과정의 내용을 기록하지 않았다.	4
• 수업 과정을 기록하지 않았고, 관리 상태도 미흡하다.	2
합 계	

공 선별기

Chapter 14

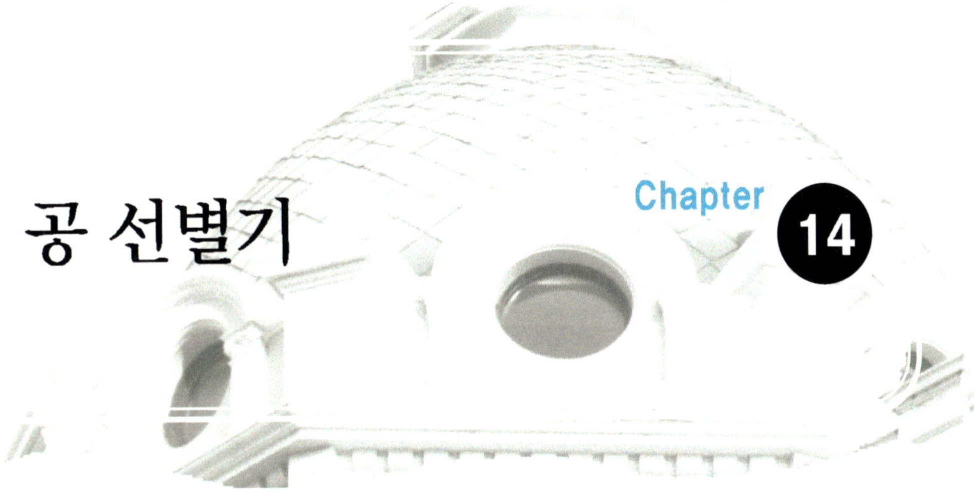

14.1 공 선별기 제작 프로젝트 개요

물건을 구별하는 기계는 아주 종류가 다양하다. 예를 들어, 볼펜의 심 앞에는 아주 작은 원형의 볼이 들어가 있다. 이러한 원형의 볼의 구분 방법 중의 하나는 일정 높이에서 트램펄린(trampoline) 같은 곳에 볼을 떨어트려 어느 정도 높이까지 튀어 오르는 것으로 구분하여 불량 여부를 가린다.

위와 같은 탄성 외에도 물건을 구분하는 방법에는 크기, 무게, 부력, 풍력 등을 활용할 수 있다.

이 프로젝트 활동에서는 주어진 4종류의 공(탁구공, 골프공, 야구공, 테니스공)을 집어 넣으면, 자동으로 종류별로 구별되어 나오는 공 선별기를 창의적으로 설계하여 제작하도록 한다.

14.2 프로젝트 과제

주어진 재료, 공구를 사용하여 4종류의 공(탁구공, 골프공, 야구공, 테니스공)을 집어 넣으면, 자동으로 종류별로 구별되어 나오는 공 선별기를 제작한다.

경사면을 따라 내려오는 네 가지 공들을 종류별로 선별할 수 있어야 하며, 네 가지 공들이 경사면을 따라 내려와 종류별로 갈라질 때까지 사람의 손이 닿지 않아야 한다.

또한 공이 구별되어 나오는 곳에 공을 임시로 보관할 수 있는 장소가 만들어져 있어야 한다.

14.3 소요 재료 및 공구

구 분	내용 및 규격
재료	폼보느(두께 5mm, 600mm×900mm) 1장, 글루건 심, 종이컵(큰 것 5, 작은 것 5), 나무젓가락 5개, 노란고무줄 5개 등
문구 및 공통	커터칼(대), 자, 지우개, 글루건, 공(탁구공, 골프공, 야구공, 테니스공) 각 1개, 기타 꾸미기 재료 등

〈그림 14-1〉 전체 부품

14.4 아이디어 탐색 1: 공 선별기의 원리, 구조

공 선별기의 원리와 구조에 대하여 조사한 뒤 정리하라.

14.5 아이디어 탐색 2: 공 선별기 설계시 고려사항

공 선별기 설계시 고려해야할 사항에 대하여 서술하고, 스케치를 통하여 구상하라.

14.6 공 선별기 설계

제작하고자 하는 공 선별기의 설계도(제작도)를 그려라.

제작하고자 하는 공 선별기의 설계도(부품도)를 그려라.

14.7 공 선별기 제작 및 테스트

주어진 재료와 공구를 사용하여 설계도에 따라 공 선별기를 제작한다.

제작된 공 선별기를 테스트한다. 그리고 문제점이 발견되면 수정 및 보완하여 제품을 완성한다.

공 선별기를 제작하면서 발생한 문제점, 개선점, 수정 사항 및 주의 사항 등을 정리하라.

14.8 프로젝트 활동 정리

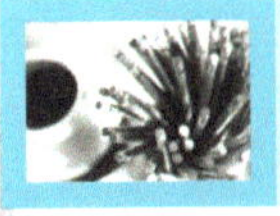

공 선별기 만들기 프로젝트 활동을 통하여 느낀 점, 개선할 점, 주의해야할 점 등을 기록하라.

14.9 프로젝트 활동 평가

가. 평가 반영 비율

영역	성능 평가	제품 평가	태도 평가	포트폴리오 평가	합계
배점	30	50	10	10	100
점수					

나. 성능 평가(30점)

영역	상위 20%	중상위 20%	중위 20%	중하위 20%	하위 20%
배점	30	25	20	15	10
점수					

다. 제품 평가(50점)

영역	평 가 항 목	평 가 점 수	
기능성 (20)	• 공 선별기가 완성되었는가?	• 공 선별 작업을 완벽하게 한다.	10
		• 공 선별 작업을 원활하게 하는 편이다.	8
		• 공 선별 작업이 원활하지 못하다.	6
		• 공 선별 작업이 전혀 되지 않는다.	4
		• 전혀 완성하지 못했다.	2
견고성 (10)	• 완성된 공 선별기가 튼튼하고 견고하게 제작되었는나?	• 견고하고 튼튼하게 제작되었다.	10
		• 튼튼하기는 하지만 구조적으로 부족하다.	8
		• 견고하지 못하지만 모양은 유지하고 있다.	6
		• 완전한 구조를 갖추지 못했다.	4
창의성 (10)	• 완성된 공 선별기가 창의적인가?	• 매우 창의적이다.	20
		• 창의적이다.	18
		• 보통이다.	16
		• 창의적이지 못하다.	14
		• 매우 창의적이지 못하다.	12

영역	평 가 항 목	평 가 점 수	
경제성 (10)	• 공 선별기에 사용된 재료가 적당하고 저렴하게 사용되었는가?	• 주어진 재료를 아끼고 최소로 사용하였다.	10
		• 재료는 적게 사용하였으나 구조에 부족함이 있다.	8
		• 주어진 재료를 모두 사용하였다.	6
		• 재료가 부족하여 더 지급 받아 사용하였다.	4
합 계			

라. 태도 평가(10점)

참여도(3)	흥미를 보이며, 문제를 정확하게 인식하고 스스로 작업한다.	3
	문제 해결을 하려고 하며 다소 어려움이 있다.	2
	흥미가 없고, 문제 해결에서 빗나간다.	1
학습과 지식(2)	지식과 학습을 관련시키고, 지식의 전달과 표현을 잘 한다.	2
	정보를 찾을 수 있고, 요구한 지식을 찾을 수 있다.	1
	무엇을 찾아야 할지 모르고, 지식 전달이 잘 안 된다.	0
과정(3)	적합한 전략을 찾아 도전하고 변화와 창의성이 돋보인다.	3
	문제 해결 과정이 불확실하고, 좌절하지만 도움을 구한다.	2
	문제를 잘 잊고, 포기하며, 의욕이 없다.	1
표현 정도(2)	과정과 생각을 조직적으로 완벽하게 전달한다.	2
	몇 가지를 설명할 줄 알지만 조직적인 표현이 부족하다.	1
	문제와 과정을 전달하는데 어려움이 많고 부정확하다.	0
합 계		

마. 포트폴리오 평가(10점)

• 조직적이고 계획적으로 정리되어 있어 수업 과정을 모두 파악할 수 있다.	10
• 정리는 깔끔하게 되어 있으나 수업 과정의 기록이 조금은 부족하다.	8
• 깔끔하기는 하지만 수업 과정의 기록이 미흡하다.	6
• 수업 과정의 내용을 기록하지 않았다.	4
• 수업 과정을 기록하지 않았고, 관리 상태도 미흡하다.	2
합 계	

참고문헌

권우현, 김덕규, 송재원, 전기준, 한동석. (편). (1999). 창의공학설계실험. 대구: 도서출판 화성.

김영채. (1999). 창의적 문제 해결 : 창의력의 이론, 개발과 수업. 서울: 교육과학사.

김영채. (2006). VIEW 창의적 문제해결 스타일 검사/한국판(강사용 가이드). 대구: 창의력 한국 FPSP, VIEW 한국 본부.

김익철. (2001). 발명특허의 정석. 서울: 현실과 미래사.

김효준, 정진하, 권정휘. (2004). 생각의 창의성 TRIZ. 수원: 도서출판 지혜.

다카하시 마코토 편저. (2002). 창조력 사전 (조경덕 역). 서울: 매일경제신문사.

박강, 김병재, 장혁수, 김영욱, 박용원. (2005). 공학 문제 해결의 길라잡이 창의 공학. 서울: 인터비전.

박영택, 박수동. (1999). 발명특허의 과학. 서울: 현실과 미래사.

야마다 이쿠오. (2004). TRIZ로 배우는 창의적 설계 (고준빈, 류시웅, 서영대 역). 서울: 인터비전.

전명남, 김영채. (2003). 창의력 개발 교육용 워크북. 서울: 창지사.

창의성 교육의 이론과 실제. (2002). 대구: 대구광역시교육청.

츠카모토 신야. (2005). 창의성 공학의 방법 (김정식 역). 서울: 인터비전.

학생들을 위한 창의성 길라잡이. (2002). 대구: 대명중학교.

2005 기술교사 여름연수 자료집. (2005). 전국기술교사모임.

Yousef Haik. (2004). 창의적 공학설계 (김경천, 곽문규, 기창두, 성윤경, 이종수, 이호용 외 역). 서울: 시그마프레스. (원저 2003 출판)

Brian S. Thompson. (1998). Creative Engineering Design (4th ed.). Okemos Press.

Brian S. Thomspson. (2001). 창의적 공학설계(1) (서영성, 박문식, 곽문규, 권오봉, 김영진, 김용환 외 역). 서울: 피어슨에듀케이션코리아. (원저 1998 출판)

Brian S. Thomspson. (2002). 창의적 공학설계(2) 제조고려설계 (서영성, 박문식, 곽문규, 권오붕, 김영진, 김용환 외 역). 서울: 피어슨에듀케이션코리아. (원저 1998 출판)

Clive L. Dym, Patrick Little. (2005). 프로젝트 기반의 공학설계입문 (제2판) (조문수, 임태진, 박태형, 윤석훈 역). 서울: ITC. (원저 2004 출판)

Donald J. Treffinger, Scott G. Isaksen, K. Brian Dorval. (2004). CPS : 창의적 문제해결 (김영채 역). 서울: 박영사. (원저 2000 출판)

Edward Lumsdaine, Monika Lumsdaine, J. William Shelnutt. (2000). 창의적 문제해결과 공학설계 (명지대학교 창의공학 연구회 역). 서울: 파워북.

G. Pahl, W. Beitz. (1998). 공학설계론 (한동철, 천길정, 이건상 역). 서울: 동명사.

Jorma Tuomaala. (1999). Creative Engineering Design. Oulu University Library.

Kalevi Rantanen, Ellen Domb. (2005). 알기쉬운 트리즈 (김병재, 박성균 역). 서울: 인터비전.

Michael J. Gelb. (2003). 레오나르도 다 빈치처럼 생각하기 (공경희 역). 서울: 대산출판사. (원저 1998 출판)

Nigel Cross. (2004). 공학설계 방법론 (개정 3판) (김관배, 차주헌 역). 서울: 범한서적주식회사.

Roni Horowitz. (2003). 누구나 창의적인 사람이 될 수 있다 (김준식 역). 서울: FKI 미디어, 서울: 이즈미디어.

Rudolph J. Eggert. (2005). Engineering Design. Pearson Prentice Hall.

찾아보기

ㅋ

ㅌ

ㅍ

ㅎ

기타

이창훈

- 공주교육대학교 실과교육과 강사(현)
- 충남대학교, 경인교육대학교, 한국기술교육대학교 강사
- 충남대학교 대학원 공업교육학과 교육학 박사
- 충남대학교 대학원 공업교육학과 교육학 석사
- 충남대학교 공과대학 금속공학교육과 졸업

김기수

- 충남대학교 공과대학 공업교육학부 교수(현)
- 충남대학교 대학원 기계공학과 공학 박사
- 충남대학교 대학원 기계공학과 공학 석사
- 충남대학교 공과대학 기계공학교육과 졸업

공학입문자를 위한 **창의공학설계**

발행일 2007년 3월 15일 초판 1쇄
2012년 9월 1일 초판 4쇄
저 자 이창훈 김기수
발행인 김준호
발행처 한티미디어
마케팅 노호근 박재인 최상욱 김원국 김택성
편 집 김은수 유채원
관 리 김지영 문지희

등 록 제15-571호
주 소 서울시 마포구 동교로 23길 67 Y빌딩 3층
전 화 02)332-7993~4
팩 스 02)332-7995
가 격 15,000원
홈페이지 www.hanteemedia.co.kr
이 메 일 hantee@hanteemedia.co.kr

ISBN 978-89-91182-32-5 93530